浮式防波堤－波浪能装置集成系统水动力特性分析

赵玄烈　　耿　敬　　郑雄波　著

哈尔滨工程大学出版社

Harbin Engineering University Press

内 容 简 介

本书详细论述了浮式防波堤－波浪能装置集成系统水动力特性,通过理论解析分析、数值模拟、物理模型试验和实海况测试内容,给出了波浪与浮式集成系统相互作用的解析分析模型、数值模拟方法和试验方法,重点分析了近岸反射条件、阵列化布置下的集成系统水动力特性,阐述了关键参数对集成系统水动力特性的影响规律,力图揭示出现象背后的机理以及存在的问题。

本书可作为海岸和海洋工程相关专业研究生的教材或参考书,也可作为本科生学习基础流体力学的参考资料。本书中对新型结构水动力分析方法的论述可为从事水利工程、船舶与海洋工程相关工作的科技人员提供一些参考。

图书在版编目(CIP)数据

浮式防波堤－波浪能装置集成系统水动力特性分析/
赵玄烈,耿敬,郑雄波著. — 哈尔滨 : 哈尔滨工程大学
出版社,2022.6
　　ISBN 978 – 7 – 5661 – 3122 – 5

　　Ⅰ. ①浮…　Ⅱ. ①赵…②耿…③郑…　Ⅲ. ①浮式防
波堤－波浪能－海洋开发－研究　Ⅳ. ①P743.2

中国版本图书馆 CIP 数据核字(2021)第 116274 号

选题策划　包国印
责任编辑　张　昕
封面设计　博鑫设计

出版发行　哈尔滨工程大学出版社
社　　址　哈尔滨市南岗区南通大街 145 号
邮政编码　150001
发行电话　0451 – 82519328
传　　真　0451 – 82519699
经　　销　新华书店
印　　刷　北京中石油彩色印刷有限责任公司
开　　本　787 mm × 1 092 mm　1/16
印　　张　5.25
字　　数　125 千字
版　　次　2022 年 6 月第 1 版
印　　次　2022 年 6 月第 1 次印刷
定　　价　28.00 元
http://www.hrbeupress.com
E-mail:heupress@ hrbeu.edu.cn

前　言

　　浮式防波堤－波浪能装置集成系统是一种新型多功能海岸工程结构,其功能为波浪能利用和防波消浪。该新型海岸工程结构可实现防波堤和波浪能的成本共享和空间共享,有利于波浪能装置工程化应用,可实现海岸工程结构多功能化。与传统的海岸工程结构不同的是,浮式防波堤－波浪能装置集成系统的结构连接复杂,涉及结构和能源等多学科交叉研究。

　　本书以浮式防波堤－波浪能装置集成系统为研究对象,详细阐述了浮体式波浪能装置波浪能俘获和消浪机理,分析了岸线反射对波浪能装置的增效机制,深入研究了阵列波浪能装置的相关物理现象,结合解析分析、数值模拟和模型试验的方法,分析了波浪与集成系统相互作用的水动力现象,分析了一些特殊现象的影响机理。

　　本书共包括5章内容:第1章绪论;第2章二维浮箱式波浪能装置集成系统波浪能俘获和消浪基本原理;第3章岸线反射对波浪能装置水动力特性的影响;第4章阵列波浪能装置的数值分析和试验研究;第5章浮式防波堤－波浪能装置实海况测试。

　　本书着重讲解势流范围内线性波浪与防波堤－波浪能装置集成系统相互作用的理论解析分析、数值模拟和物理模型试验实现过程,并通过实海况测试试验阐述了波浪能装置实际运行过程中的性能分析,可为在此领域学习的学生提供详细的参考。本书既可作为海岸和海洋工程相关专业研究生的教材,也可作为本科生学习基础流体力学的参考资料,还可为从事水利工程、船舶与海洋工程相关专业工作的科技人员提供一些参考。

　　本书由赵玄烈、耿敬、郑雄波共同撰写。在成书过程中,张洋、杜欣、王志杰、李扬、张立东、周加春、潘士琦、马松及薛蓉等人在项目实例组织、资料整理、程序代码调试方面做了大量工作,在此表示感谢。

　　本书研究成果得到了国家自然科学基金(52001086)、国家重点研发计划(2019YFE0102500)等多个项目的资助,在此表示感谢。

　　由于著者水平有限,书中错误和疏漏之处在所难免,恳请各位专家、同行不吝赐教,也诚请广大读者提出宝贵意见。

著　者

2022 年 3 月

目　　录

第1章 绪 论

1.1 研究背景及意义

当今世界,随着经济的发展、人口的激增,传统能源逐渐枯竭,环境污染日益加剧,可再生能源的开发与利用受到广泛关注。约占地球表面积71%的海洋蕴含着丰富的资源,包括生物资源、矿产资源、化学资源和海洋可再生能源。海洋可再生能源主要包括温差能、波浪能、海流能、潮汐能和海上风能等。作为海洋可再生能源之一,波浪能资源具有下述特点:以机械能的形式出现,波浪能的能流密度大、分布广等。波浪能装置具有以下特点:波浪能装置可与现有海洋工程结构物集成,可明显降低波浪能装置的开发及建设成本;波浪能装置可阵列化布置,便于大规模利用波浪能资源。这有利于波浪能装置的实际工程应用。

开发利用波浪能以及确定波浪能的用途应考虑目标海域的波浪能资源的蕴含量。据报道,我国波浪能的理论存储量约为 7×10^7 kW,沿海波浪能流密度为 2 ~ 7 kW/m。一般来讲,波浪能流密度大于 2 kW/m 的区域称为可用区域,大于 20 kW/m 的区域称为富集区域。单纯从波能流密度的大小来衡量,波浪能的富集区域主要位于大西洋北部、北美西海岸、澳大利亚南部海岸带等区域,我国海域则被认为是波浪能资源相对贫乏的区域。判断波浪能资源的蕴含量应该综合考虑波浪能流密度、波浪能资源有效开发时间、稳定性、总储量和有效储量,基于此,我国大部分海域具有较为丰富的波浪能资源,单位面积的波浪能总储量在 2×10^4 kW 以上。从综合波浪能流密度的大小、可用波高出现频率、资源储量来看,我国海域虽然并不处于全球波浪能资源的富集区域,但仍处于可用区域,相对富集区分布于南海北部和东海中南部海域。尽管我国海域的波浪能流密度具有可开发性,但其明显低于欧美国家近岸的波浪能流密度,这就直接导致我国波浪能可开发量低于波浪能流密度较大的国家,且潜在可开发量亦不占优势,因此将波浪能发电场直接并入城市电网为居民供电难度相对较大。但这并不意味着我国没有必要开发波浪能资源。倘若波浪能利用装置能为近岸港口、海洋牧场、观测浮标、钻井平台、海上灯塔、偏远海岛等提供电力支持,即"海能海用",这将是我国开发利用波浪能非常好的契机。

近年来,随着我国港口建设的发展以及对海洋开发的高度重视,绿色港口的建设及偏远岛屿的开发和建设在这个时期显得尤为重要。在港口建设方面,如果能有效开发利用沿海的波浪能资源并为港口工程供给电力,可以大大减少港口工程能源消耗对化石能源的依赖,进而解决能源结构单一的问题,促进绿色港口的建设。对于偏远岛屿的建设亦是如此,偏远岛屿目前仍依赖柴油发电,其成本较高、运输不便。如果能有效利用临近海域的波浪能为岛屿提供电力,能够有效降低能源供应的成本。此外波浪能装置提供的电力还可用于海水淡化,为岛屿提供淡水。这些优点都将有效促进岛屿的基础设施建设。在波浪能资源蕴藏量较为丰富的海岛海域(如黄岩岛、钓鱼岛、永兴岛海域等)开发利用波浪能,有助于打破偏远海岛的能源危机,因此波浪能开发利用具有非常广阔的前景。制约波浪能装置进一步发展的瓶颈之一是建造成本较高,主要体现在其复杂的基础设施和较低的能量转换效率。多个工程项目的集成应用是降低工程造价的有效途径,将波浪能装置集成于其他海洋工程结构物(如海洋平台、防波堤、海上风电、近海平台)可实现工程基础设施的共享,这样既可实现多个工程的成本共享,又可实现其空间的共享,进而实现波浪能装置的多元化和综合利用。

对于港口和岛屿等海洋工程的建设来说,防波堤工程必不可少。作为一种常见的水工建筑物,防波堤的作用主要是减小入射波高,维护目标海域海况平稳。根据波浪理论可知,90% ~98%的波浪能集中在水体表层2~3倍的波高范围内。作为一种水面型结构物,波浪能装置吸收波浪能,可直接导致波高衰减,因此将波浪能装置的技术集成于防波堤也符合实践要求。一般来说,防波堤位于风浪较大的区域,这也为波浪能装置的建造提供了天然条件。

防波堤按照截面形状和对波浪的影响可分为斜坡式、直立式、混合式和特种防波堤。斜坡式、直立式和混合式一般为传统的坐底式防波堤。特种防波堤又分为桩基、浮式、喷气式和喷水式防波堤。按照系泊形式,浮式防波堤主要包括锚泊式防波堤、垂直导桩式防波堤。不同类型的防波堤各有优缺点,具体应用时需要根据具体工程条件进行分析。本书主要将防波堤－波浪能装置集成系统分为两类:波浪能装置集成于坐底式防波堤和波浪能装置集成于浮式防波堤。

对于波浪能装置,常用的主要有振荡水柱式(oscillating water column,OWC)波浪能装置、振荡浮体式波浪能装置和越浪式波浪能装置。振荡水柱式波浪能装置通常指采用气室俘获波浪能的装置。这种装置在波浪的作用下气室内部的水体上下运动,导致气室内部气体产生压强波动,进而驱动空气透平做功。振荡浮体式波浪能装置的特征是浮体与能量输出(power take-off,PTO)系统直接连接,其工作原理为浮体的运动直接驱动PTO系统进行做功。振荡浮体式波浪能装置可进一步分为振荡浮子式波浪能装置、浮筏式波浪能装置、摆式波浪能装置等。越浪式波浪能装置的工作原理是通过引浪面将波浪引入水位较高的蓄水池,即将波浪的动能转换为势能,驱动低水头的水轮机将势能转换为其他形式的能量。

1.2　防波堤－波浪能装置集成系统解析分析研究

波浪与结构物相互作用问题的研究方法包括解析方法、数值方法和物理模型试验方法。解析方法因其物理意义明确和计算效率较高而广泛应用。基于势流理论框架下的解析方法一般适用结构形状较为规则的大尺度结构物,因此可用于防波堤和波浪能装置水动力特性的初步评估。

波浪能装置水动力解析研究目前已经取得了大量的研究成果,赵海涛、孙志林和沈家法等[1]建立了微幅波与底铰摇板式波浪能装置相互作用的解析模型,评估了装置动力响应和能量转换特性,重点分析了装置几何参数和 PTO 阻尼下波浪能俘获特性的影响规律。王玲玲[2]设计了一种新型高效的摆式波浪能转换装置,并建立了解析分析方法。王文胜、游亚戈和盛松伟等[3]研究了双矩形浮子波浪能装置的辐射问题,并与根据 Haskind 关系得出的波浪激振力和数值计算结果进行了对比,验证了解析模型的正确性;同时求解了波浪与双矩形浮子波浪能装置相互作用的散射问题[4],并深入探讨了浮子间距对波浪激振力的影响。郑思明[5]建立了波浪与筏式波浪能装置相互作用的二维解析模型,探究了筏体结构几何参数和 PTO 特性对装置波浪能俘获特性和消浪性能的影响规律,结果表明,长度不等的筏体可显著提高波浪能俘获能力。基于线性势流理论,张万超[6]开展了不同构型浮子的水动力特性,建立了单体、共轴双体和阵列式波浪能装置的解析模型,深入分析了波浪能装置的能量转换机理,讨论了不同阵列布局对单体振荡浮子阵列波浪能转换的影响及其干扰原因。王树齐、张万超、徐刚[7]建立了线性波与带有月池结构的振荡波浪能装置模型相互作用的解析模型,发现月池的聚波效应对振荡浮子能量俘获有增益效果。张万超、周亚辉和周效国[8]建立了线性和非线性阻尼下振荡浮子式波浪能装置运动响应和波浪能俘获特性,提出了带阻尼板的点吸收式波浪能装置的半解析方法。汪林[9]提出了防波堤嵌套式单气室波浪能装置和带有纵荡隔板的双气室波浪能装置,拓宽了有效频带宽度。

　　将波浪能转换装置集成到海岸结构物中,如防波堤或浮式结构物,不仅可降低建造成本,而且可改善波浪能俘获性能。Martins – rivas 和 Mei[10-11]将单个振荡水柱式波浪能装置与防波堤或岸线集成设计,建立了波浪与集成结构相互作用的精确解,结果表明,相比开敞水域下单气室 OWC 波浪能装置,集成装置能量转换效率明显提高。Lovas、Mei 和 Liu[12]基于 Martins – Rivas 和 Mei 的成果,求解了防波堤任意转角下的衍射和辐射问题,分析了凸角和凹角下装置的吸收功率,提出了一种简单且较佳的布置方案。He、Zhang 和 Zhao 等[13]提出了一种透空式 OWC 波浪能装置与浮式防波堤集成系统,该系统可兼顾波浪能提取和水体交换功能;建立了二维解析模型,并分析了气室宽度、壁面吃水和气室容积对水动力性能的影响。Zheng、Zhang 和 Iglesias[14]基于线性势流理论,建立了 OWC 波浪能装置与垂直岸线相互作用的理论分析模型,研究了腔体壁厚、腔体半径和沉没度对波功率吸收的影响;提出了阵列 OWC 波浪能装置与岸线结构集成设计[15],建立了用于评估集成系统水动力特性的解析模型,分析了波浪要素、几何尺寸对集成系统波浪能俘获特性的影响规律,结果发现,阵列效应和岸线反射聚波可显著提高波浪能装置的能量俘获效率。Zheng、Zhu 和 Simmonds[16]将 OWC 波浪能装置与垂直管状结构集成,研究了圆管结构的半径、有限壁厚、开孔尺寸和位置对波功率提取的影响。Konispoliatis 和 Mavrakos[17-18]将振荡浮子式和 OWC 波浪能装置设置于直立堤前,开展了装置和防波堤几何尺寸、波浪要素参数分析,分析了装置与防波堤之间水动力的相互作用。Garnaud 和 Mei[19]基于多尺度方法,假设浮子大小和浮子间距相对波长足够小,建立了波浪与阵列浮子相互作用理论分析模型,对比分析了单行阵列、圆形阵列与单个浮子能量俘获性能,发现阵列结构具有较大的应用优势。Sarkar 和 Dias[20]将摆式波浪能装置与直立式防波堤集成设计,建立了波浪与集成系统相互作用的三维解析模型,发现岸线反射可在防波堤前形成驻波流场,当装置位于波腹点时可有效提高装置的能量俘获效率,但当装置位于波节点时不利于波浪能俘获。Guo、Wang 和 Ning 等[21]提出了具有三个浮筒式波浪能转换器的防波堤,研究了浮筒宽度、吃水深度和间距等要素对其水动力性能的影响,与单自由相比,考虑纵摇和垂荡运动可提高有效频带宽度和能量转换效率,但是布拉格共振现象对波浪能俘获特性起到抑制作用。Zheng、Antonini和 Zhang 等[22]建立了波浪与多气室振荡水柱式波浪能装置半解析模型,研究了 PTO 阻尼控制策略、腔室数量、装置尺寸和相邻气室的相对尺寸对波功率提取和消浪性能的影响。Wan、Yang 和 Fang 等[23]提出了一种固定式双圆柱 OWC 作为防波堤式波浪能量转换器的方案,研究了波高、舱室隔板角度、内外圆柱半径对能量转换效率的影响,通过改善腔室隔板的角度和内外筒径比,可以拓宽双圆柱的有效频带。Zhao、Zhang 和 Li 等[24]将振荡浮子式波浪能装置集成于梳式防波堤,建立了波浪与集成系统相互作用的三维解析模型,结果表明,当装置位于聚波室的后侧时,可兼顾较高的能量转换效率和较好的消浪性能。

1.3　防波堤－波浪能装置集成系统 数值模拟研究

波浪与结构物相互作用问题研究常用的数值模拟方法有边界元方法(boundary element method,BEM)和计算流体力学(computational fluid dynamics,CFD)方法两种。BEM 最大的特点是只需在边界上求解,减少了未知数的个数。CFD 方法遵从基本物理定理,以数学控制方程描述基本物理现象,可以通过计算机求解获得波－物相互作用的流场分布特征,很大程度上提高了研究效率。

相对于防波堤－波浪能装置集成系统,学者们提出了形式各样的防波堤系统,并通过数值模拟的方法对防波堤消浪性能、结构稳定性等问题展开了大量研究。Williams 和 Abul－Azm[25]与 Williams、Lee 和 Huang[26]通过频域二维边界元方法,研究了浮筒式防波堤的水动力特性,分析了堤宽、吃水、锚泊系统刚度等因素对波浪反射系数的影响。Koutandos、Karambas 和 Koutitas[27]分别采用有限差分法和 BEM,对浅水和中等水深的固定和垂荡浮式防波堤的透射系数和受力情况进行了研究。Contento[28]及 Koo 和 Kim[29]建立了数值波浪水槽,研究了二维浮体的非线性运动问题。Christensen、Bingham 和 Friis 等[30]结合试验和数值模拟方法,研究了常规浮桥、带翼板的常规浮桥、带翼板和多孔介质的常规浮桥三种横截面的浮式防波堤的阻尼影响机制,结果表明,带翼板的常规浮桥浮式防波堤的运动衰减幅度最大,带翼板和多孔介质的常规浮桥浮式防波堤最有效地减小了波浪的反射和透射。Li、Zhang 和 Guo[31]基于流体体积(volume of fluid,VOF)方法,建立了带有吸波装置的数值模型,并对规则波与水下双板式防波堤的相互作用进行了模拟。郑艳娜[32]采用时域边界元方法,建立了域边界积分方程,采用静态悬链线法模拟浮式防波堤的锚泊系统,分析锚链长度对浮堤消浪性能的影响。李熙和王义刚[33]在 Boussinesq 波浪方程中加入了耗散项,界定透空结构可引起部分反射和透射,结果表明,透空式防波堤可以有效地消减波浪。

波浪能发电装置的数值模拟常用的建模方法有边界积分方程法和求解 N－S 方程法,前者一般使用经验解来表示黏性阻尼效应,后者将黏性项添加到方程中求解。Lee、Newman 和 Nielsen[34]首次考虑自由水面边界条件,应用三维 BEM 模拟了 OWC 波浪能发电装置的工作特性。Kuo、Chung 和 Hsiao 等[35]建立了基于有限差分软件 FLOW－3D 数值模型,研究了 OWC 波浪能发电装置的能量转换功率、波浪力、作用于沉箱上的力矩之间的关系、水与空气的相互作用、水动力特性与波长比之间的关系及振荡水柱波浪能发电装置的优化设计等。Vyzikas、Deshoulières 和 Giroux 等[36]通过 OpenFOAM 和 waves2Foam，研究了多相雷诺时均数值模型在模拟规则波、不规则波和 OWC 装置之间的相互作用。宁德志、石进和滕斌等[37]针对岸式振荡水柱波浪能发电装置的能量转换效率问题，基于内源造波技术的时域高阶 BEM，在气室内引入压强模型耦合气液相互作用，建立了自由水面满足完全非线性边界条件的二维时域数值波浪水槽模型。纪君娜、刘臻和纪立强[38]基于 VOF 方法，构建了准确预测气室工作性能的三维数值模型，研究了入射波浪、气室内振荡波面的变化。Li 和 Yu[39]对浮子式波浪能发电装置的数值模拟方法进行了综述，包括 BEM 以及基于 Morison 方程半经验黏性修正系数方法，经验的黏性修正系数仅对一些形状简单的结构有效，对于复杂结构需要进行物理模型试验或者应用 CFD 方法来获得准确的黏性修正系数。Palm、Eskilsson 和 Paredes 等[40]将 OpenFOAM 中浮子式波浪能发电装置与基于高阶有限元模型开发的 MooDy 求解器的锚链模型耦合，考虑黏性流作用下的波浪能发电装置与锚泊系统的全耦合模型，计算了浮子式波浪能发电装置的自由衰减与在规则波作用下的六自由度运动响应，结果发现，锚泊系统在一定程度上限制了浮子的运动响应，影响浮子式波浪能发电装置的能量俘获效率。Agamloh、Wallace 和 Jouanne[41]基于 CFD 理论建立了三维数值水槽，研究了不同规则波下单个浮子和双浮子的运动和转换效率。高人杰[42]利用 AQWA 对不同类型的振荡浮子运动响应进行了数值模拟，为振荡浮子式波浪能发电装置的初步选型、优化设计提供了依据。田育丰、黄焱和史庆增[43]以 N－S 方程为控制方程，利用 $k-\varepsilon$ 湍流模型，通过限元软件 ADINA 对摆式波浪能发电装置进行了数值模拟。

防波堤－波浪能装置集成系统须考虑防波堤与波浪能装置之间复杂的相互影响关系，实际海况下波浪的非线性、流体的黏性和流动分离等对集成系统具有较大影响，使集成系统的研究变得更为困难。相较于解析与试验，利用数值模拟来探究波浪与防波堤－波浪能装置集成系统相互作用问题更为简单实用。

Palma、Mizar Formentin 和 Zanuttigh 等[44]通过 2DV RANS－VOF 对不同构型的防波堤集成越浪式波浪能转换装置的水动力特性进行了数值模拟研究，探究了波浪反射系数、平均越浪量和结构的波浪荷载。Zhang 和 Ning[45]基于 BEM 建立了三维数值波浪水槽，研究了抛物线形防波堤周围的波浪场，结果表明，防波堤的反射波可以向固定焦点位置传播，浮标式波浪能装置布置在抛物线形防波堤的焦点处可以获取更高的波浪能俘获效率。Reabroy、Zheng 和 Zhang 等[46]对集成于固定式防波堤的不对称波浪能转换装置的水动力和波浪能俘获性能进行了数值模拟研究，探讨了模型形状的影响、波浪能转换装置和防波堤之间的耦合效应、有无防波堤时波浪能转换装置的水动力特性以及基于黏性流理论的时域涡量效应。刘臻、史宏达和刘娅君[47]提出了一种复合型沉箱防波堤 OWC 结构，以两相 VOF 方法为基础对 Fluent 软件进行了二次开发，构建了三维数值波浪水槽，探究了部分入射波要素及气室形状参量对其工作性能的影响。Chen、Zang 和 Birchall 等[48]基于粒子单元法，模拟了规则波作用下桩约束浮式防波堤－波浪能装置集成系统的水动力性能，研究了浮式防波堤的升沉运动和整体系统的捕获宽度比。Zhang、Zhou 和 Vogel 等[49]建立了基于 OpenFOAM 的二维数值波浪水槽，研究了线性 PTO 阻尼系数、两浮体之间的间隙宽度对桩约束双浮体式防波堤－波浪能装置集成系统的透射系数和俘获效率的影响。毛艳军[50]对两种结构形式的浮式防波堤－振荡浮子集成系统进行了模拟研究,探明了集成系统在黏性流作用下的最优PTO阻尼特性及结构参数、浮子形状、吃水深度对集成系统水动力性能的影响。张恒铭、胡俭俭和周斌珍等[51]通过黏性计算流体动力学软件Star－CCM＋,建立了二维数值波浪水槽模型,研究了动力输出阻尼最优情况下,浮子分别为方箱形、伯克利形、三角形和三角加挡板形四种结构形式对集成系统消浪性能和发电性能的影响。

1.4 防波堤－波浪能装置集成系统物理模型试验研究

在海岸工程中,坐底式防波堤是一种常见的结构形式,研究(包括直立堤前的波浪形态和波浪力、斜坡堤上的波浪作用、开孔消浪结构等)也较为成熟[52],并已形成了相关规范[53]。改变防波堤的结构形式或者在原有防波堤的基础上布放波浪能装置,可实现消浪和波浪能发电功能。坐底式防波堤主要包括岸式沉箱和离岸式抛石堤,波浪能装置集成于坐底式防波堤主要包括OWC波浪能装置集成于沉箱防波堤和越浪式波浪能装置集成于抛石堤。

沉箱防波堤属于直立堤的一种,其稳定性较好,有学者将传统沉箱防波堤改装为具有消波功能的开孔防波堤[54],岸基式OWC波浪能装置同样具有吸能消波功能,二者具有类似的结构形式,为OWC波浪能装置集成于沉箱防波堤提供了先决条件。集成系统可以实现二者成本和空间的共享,OWC波浪能装置的吸能作用可以减小防波堤迎浪侧的反射,达到消波和降低结构物所受波浪荷载的作用。Ojima、Suzumura和Goda[55]较早提出了OWC波浪能装置集成于沉箱防波堤的概念,并进行了理论研究和试验研究。而后Takahashi[56]对OWC波浪能装置－沉箱防波堤集成系统的水动力特性进行了深入的实验研究,结果表明,防波堤的反射系数有所降低,且稳定性明显增强。日本Sakata港建成了装机功率为60 kW的OWC波浪能装置－沉箱防波堤系统[56],OWC波浪能装置和沉箱防波堤的集成应用可以提高主体结构(沉箱防波堤)的稳定性并实现波浪能转换,二者可实现成本共享,节省工程造价。Raju和Neelamina[57]建成了装机功率为150 kW的沉箱式OWC装置,该装置主要用于测试不同发电涡轮机的发电效率。西班牙的Mutriku建成了全尺度OWC－沉箱防波堤集成系统[58],系统长100 m,由16个气室组成,每个气室上方都有一个额定功率为18.5 kW的涡轮发电机组,产生的总功率为296 kW,是欧洲首例此类OWC波浪能装置集成系统。Boccotti[59]公开了一种新型潜式的具有沉箱结构形式的OWC波浪能装置,该装置具有海岸防护功能和波浪能转换功能,优点是在极端海况下的生存能力较好,研究[60]表明,该装置可有效捕获波浪能。

为了提高传统OWC波浪能装置的能量转换效率和稳定性,Boccotti[61]提出了集成于沉箱防波堤的U－OWC波浪能装置结构(即在传统的OWC装置前面安装直墙),并将带有U－OWC的沉箱和传统OWC沉箱的水动力特性进行了比较,结果表明,U－OWC结构形式的沉箱无论是在较大风浪作用下还是在较小风浪作用下的波浪能转换效率均较高,且在极端海况下U－OWC沉箱的稳定性较好[62]。Strati、Malara和Laface等[63]在墨西拿海峡的东海岸放置了一个小型 U－OWC 防波堤,以测量水平波浪力,并将实验结果与 Boccotti 和 Goda 的波浪压力公式进行了比较,检查两个公式在 U－OWC 防波堤上的适用性,结果表明,两种模型都适用于 U－OWC 防波堤的设计,且吸收的能量越多,防波堤壁上的波浪压力就越小。介电弹性体发生器(DEG)已被提出作为实现 PTO 的可能替代技术,研究表明,DEG 可以在类似于波频率的工作频率下转换高达 780 J/kg(每单位电介质材料质量)的能量密度和超过 200 W/kg 的功率密度。Strati、Malara 和 Arena[64] 对带介电弹性体发生器的防波堤一体化 U－OWC 波浪能转换器进行了建模与海试。

　　Tseng、Wu 和 Huang[65] 提出了一种带有上弧板结构的圆柱形 OWC 波浪能装置－沉箱结构,并开展了 1∶20 比尺的试验研究,结果表明,上弧板结构的引入有利于扩大频宽,并提高了波高较小波况下的能量转换效率。Sco、Park 和 Lee[66] 提出了一种安装于沉箱前侧的浮子式波浪能装置,并进行了相关试验研究,与传统的浮子式波浪能装置不同,浮子式波浪能装置位于垂向的槽中,在波浪的作用下垂向槽中的流体存在共振现象,流体的垂向共振可以驱动波浪能装置做垂向运动进而达到做功的目的。为了提高 OWC 波浪能装置－沉箱结构在极端海况下的生存能力,Tsai、Ko 和 Chen[67] 提出了一种提高 OWC 波浪能装置－沉箱在极端海况下生存能力的措施,即在传统的 OWC 波浪能装置－沉箱的迎浪侧安装一透空板,透空板可以减小极端波浪作用在 OWC 波浪能装置前墙上的作用力,进而增强了 OWC 波浪能装置－沉箱的生存能力。

　　国内方面,秦辉、王永学和王国玉[68] 设计了一种适用于中国近海海况条件的沉箱防波堤兼作 OWC 波浪能发电装置,并进行了试验研究,探讨了波周期、波高、设计水深及输气管管径对气室内的波幅变化的影响。秦辉[69] 设计了一种带收缩水道的沉箱防波堤和 OWC 波浪能发电装置相结合的复合结构形式,并探讨了水道形式、入射波要素和气室形状参数对装置水动力特性的影响,并与平行水道结构和无水道结构进行了比较,发现带有收缩水道结构的装置的波浪能捕获效率明显较高,这主要是由于收缩水道可起到聚集波浪能的作用。陈帆[70] 根据沉箱与 OWC 波浪能装置结构上的相似性,提出了可兼作 OWC 波浪能发电装置的双圆筒沉箱结构,并进行了试验研究,结果表明,气室工作性能良好,具有较高的波浪能转换效率。国内方面也公开了一些将波浪能装置集成于坐底式防波堤的专利[71]。相对于传统坐底式防波堤,浮式防波堤安装方便且有利于堤内外水质交换,一般适用于水位较深的水域。传统的浮式防波堤多为箱形结构[72],该结构稳定性较好,结构较为简单,并有实际工程应用,已有诸多学者针对箱型浮式防波堤开展了试验研究。近年来,学者们提出了多种新型的浮式防波堤[73]。波浪能装置集成于浮式防波堤的种类主要包括振荡浮体式波浪能装置集成于浮式防波堤、OWC 波浪能装置集成于浮式防波堤、越浪式装置集成于浮式防波堤和波浪衰减(attenuator)类型波浪能装置等。Neelamani、Natarajan 和 Prasanna[74] 提出了一种浮式的 OWC 波浪能装置－沉箱结构。该结构的中间部分设有气室,采用锚链锚泊形式,可适用于大潮差海域。He 和 Huang[75] 与 He、Huang 和 Wing－keung[76-77] 及 He、Leng 和 Zhao[78] 提出了带有单 OWC 波浪能装置气室的桩基式防波堤、双 OWC 波浪能装置锚链式矩形防波堤、非对称气室浮式防波堤、有对称双气室和非对称双气室的防波堤结构形式,研究发现,各装置的消浪性能优于传统的桩基支撑式箱型防波堤,此外各装置具有利用波浪能的功能。Howe、Nade 和 Macfarlane[79] 对集成在浮式防波堤中的多个 OWC 波浪能量转换器的能量提取性能进行了实验研究,结果表明,OWC 波浪能转换器间距是结构设计中的关键参数,波浪能转换器间的相互作用可能会对能量提取产生建设性或破坏性的干扰;而后对规则和不规则海况下集成多个 OWC 波浪能转换器的浮式防波堤的性能进行了实验分析[80],结果表明,OWC 波浪能转换器的集成对不规则海况下的浮式防波堤的无量纲性能参数的确定有明显的益处,不规则海况的无量纲参数谱可用于有效预测装置在不同海况下的性能特征。国内也公开了一些将 OWC 波浪能装置集成于浮式防波堤的专利[81]。浮式防波堤－振荡浮体式波浪能装置集成系统主要包括浮式防波堤－浮体式波浪能装置集成系统和浮式防波堤－筏式波浪能装置集成系统。Martinelli、Ruol 和 Favaretto 等[82]提出了将浮式波浪能装置(ShoWED)安装于浮式防波堤迎浪侧的概念,防波堤采用垂直导桩进行锚泊,试验结果表明,该集成系统的波浪能俘获效率可达26%,但并未就防波堤与波浪能装置的相互影响做深入系统的研究。

第2章　二维浮箱式波浪能装置集成系统波浪能俘获和消浪基本原理

本章对单浮箱式浮防波堤－波浪能装置集成系统(以下称"单浮箱式集成系统")的水动力特性和能量输出特性开展理论分析和试验研究,从理论分析的角度揭示了单浮箱式集成系统的波浪能俘获和消浪基本原理,并探讨了关键结构参数对集成系统水动力特性和能量输出特性的影响规律。在探明上述基本原理和影响规律的基础上开展了物理模型试验,从物理模型试验的角度,研究了PTO阻尼力对集成系统的透射系数和俘获效率的影响规律,并在实验室条件下证明单浮箱式集成系统具有有效的消浪功能和波浪能俘获功能。

2.1　单浮箱式集成系统

在海岸和近海工程中,有学者曾提出垂直导桩式浮防波堤,并通过理论分析和试验研究的方法证明了该型防波堤具有有效的消浪功能。传统的垂直导桩式浮防波堤主要由浮箱和导桩组成,浮箱具有反射波浪的作用,能够达到消浪的目的。与传统的垂直导桩式浮防波堤不同的是,单浮箱式集成系统包括浮箱、PTO系统和导桩(图2.1)。该集成系统也可视为在传统垂直导桩式浮防波堤的基础上安装了PTO系统。在波浪的作用下浮箱做垂荡运动,进而驱动PTO系统做功。与传统的垂直导桩式浮防波堤不同,该集成系统中的浮箱在波浪的作用下并非为自由垂荡运动,而是受PTO系统约束的运动。

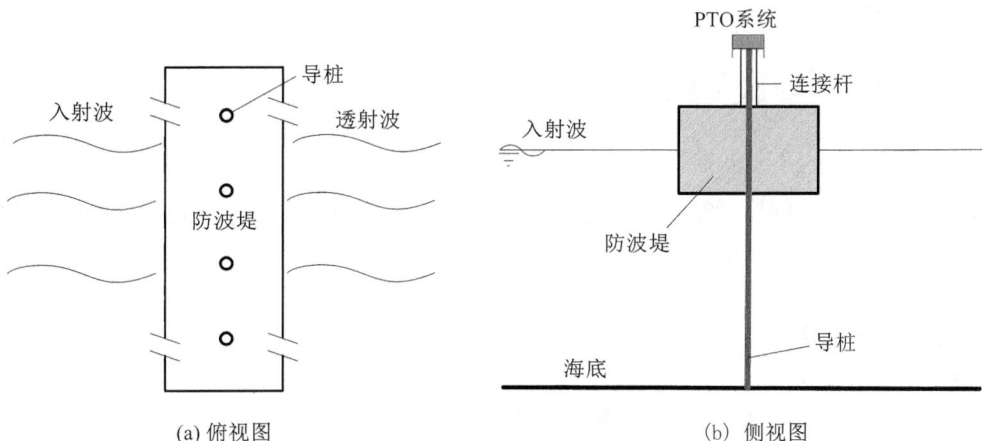

(a) 俯视图　　　　　　　　　(b) 侧视图

图2.1　单浮箱式集成系统的俯视图和侧视图

2.2　数学模型

对于波浪对防波堤作用的问题,由于防波堤在垂直于入射波方向的尺度较大,因此该问题常常简化为波浪与结构物相互作用的二维问题。基于线性势流理论采用匹配特征函数方法构建数学模型,具有物理意义明确、计算高效,能够有效阐明结构物基本水动力特性等优点。由于浮箱仅做垂荡运动,故下述数学模型的建立及其问题的求解主要关注垂荡自由度的问题[83]。

本章采用解析分析方法进行计算,建立如图 2.2 所示的笛卡儿坐标系 oxz,x 轴在静水面上,z 轴垂直向上。浮箱宽度 $B = 2a$,吃水为 d_1。入射波沿 x 轴正向传播,静水深为 h_1。流体域分为三个区域：Ⅰ、Ⅱ和Ⅲ。

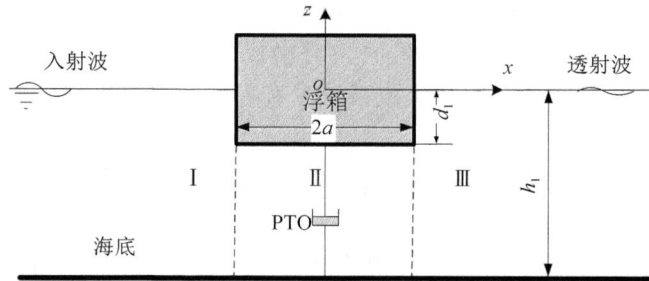

图 2.2　定义图

基于线性势流理论,建立数学模型,速度势满足二维 Laplace 方程。对于规则波问题,分离出时间因子 $e^{-i\omega t}$,则速度势可写为

$$\varphi(x,z,t) = \mathrm{Re}[\Phi(x,z)e^{-i\omega t}] \tag{2.1}$$

式中　i——虚数单位,$i = \sqrt{-1}$;

　　　t——时间;

　　　Re[ ]——取实部;

　　　$\Phi(x,z)$——空间速度势,满足 Laplace 方程:

$$\frac{\partial^2 \Phi}{\partial x^2} + \frac{\partial^2 \Phi}{\partial z^2} = 0 \tag{2.2}$$

本章仅研究垂荡问题,流场中的速度势 Φ 可表示为三个部分,即入射势、绕射势和由结构物垂荡运动引起的辐射势:

$$\Phi = \Phi_I + \Phi_D + \Phi_R \tag{2.3}$$

式中　Φ_I——入射势;

　　　Φ_D——绕射势;

　　　Φ_R——由结构物垂荡运动引起的辐射势。

入射势可表示为

$$\Phi_I = -\frac{igA}{\omega}\frac{\cosh[k(z+h_1)]}{\cosh(kh_1)}e^{ikx} \tag{2.4}$$

式中　A——入射波幅;

　　　ω——角频率;

　　　g——重力加速度;

　　　k——波数,满足色散方程 $\omega^2 = gk\tanh(kh_1)$。

绕射势 Φ_D 满足 Laplace 方程和下述边界条件:

$$\begin{cases} \partial\Phi_D/\partial z - \omega^2\Phi_D/g = 0(z = 0, x > |a|) \\ \partial\Phi_D/\partial z = 0(z = -h_1) \\ \partial\Phi_D/\partial z = -\partial\Phi_I/\partial z(z = -d_1, |x| \leqslant a) \\ \partial\Phi_D/\partial z = -\partial\Phi_I/\partial x(-d_1 < z < 0, x = \pm a) \\ \text{Sommerfeld 条件} \quad |x| \to \infty \end{cases} \quad (2.5)$$

对于辐射问题,假定图 2.2 中浮箱结构做频率为 ω 的小振幅强迫垂荡运动,振幅为 A_R,则辐射势 Φ_R 可表示为

$$\Phi_R = -\mathrm{i}\omega A_R \varphi_R \quad (2.6)$$

式中,φ_R 为空间速度势,其满足 Laplace 方程和下述边界条件:

$$\begin{cases} \partial\Phi_R/\partial z - \omega^2\Phi_R/g = 0(z = 0, x > |a|) \\ \partial\Phi_R/\partial z = 0(z = -h_1) \\ \partial\Phi_R/\partial z = 1(z = -d_1, |x| \leqslant a) \\ \partial\Phi_R/\partial x = 0(-d_1 < z < 0, x = \pm a) \\ \text{Sommerfeld 条件} \quad |x| \to \infty \end{cases} \quad (2.7)$$

通过分离变量法和匹配特征函数展开法可求解绕射势 Φ_D 和辐射势 Φ_R,各流体域的速度势确定之后,结构所受垂荡波浪激振力 F_z、垂荡运动附加质量 μ 和辐射阻尼 λ 为

$$F_z = \rho\mathrm{i}\omega\int_{S_0}(\Phi_I + \Phi_D)\mathrm{d}s \quad (2.8)$$

$$\mu = \rho\int_{S_0}\mathrm{Re}[\varphi_R]n_z\mathrm{d}s \quad (2.9)$$

$$\lambda = -\rho\omega\int_{S_0}\mathrm{Im}[\varphi_R]n_z\mathrm{d}s \quad (2.10)$$

式中　S_0——浮箱的底面面积;

　　　ρ——水密度;

　　　$\mathrm{Im}[\ ]$——取虚部;

　　　n_z——垂向法向量。

频域内的运动响应方程为

$$F_z = [-\omega^2(M + \mu) - \mathrm{i}\omega(\lambda + \lambda_{PTO}) + K]\zeta \quad (2.11)$$

式中　ζ——浮箱的垂荡运动响应幅值;

　　　M——浮箱的质量;

　　　λ_{PTO}——PTO 阻尼;

　　　K——结构的垂向静水恢复力刚度。

对于自由垂荡型浮箱,取 $\lambda_{PTO} = 0$;对于固定式结构,其等效于 $\lambda_{PTO} = +\infty$ 的情形;对于

最优 PTO 阻尼控制下的浮箱，取 PTO 阻尼为单个浮箱的最优 PTO 阻尼，其表达式为

$$\lambda_{\text{optimal}} = \sqrt{[K/\omega - \omega(M + \mu)]^2 + \lambda^2} \tag{2.12}$$

根据式（2.11），垂荡运动响应幅值算子（heave response amplitude operator，HRAO）ξ 可表示为 $\xi = \zeta/A$。浮箱的俘获功率为在波浪的作用下 PTO 阻尼力 F_{PTO} 在一个周期 T 内做功的平均值，其表达式为 $P_{\text{capture}} = \dfrac{1}{T}\displaystyle\int_0^T (F_{\text{PTO}} \cdot u)\,\mathrm{d}t$，其中 u 为浮体的运动速度。因此，在 PTO 阻尼 λ_{PTO} 控制下浮箱的俘获功率为

$$P_{\text{capture}} = \frac{1}{2}\lambda_{\text{PTO}}\omega^2 \frac{|F_z|^2}{[K - \omega^2(M + \mu)]^2 + [\omega(\lambda_{\text{PTO}} + \lambda)]^2} \tag{2.13}$$

单位宽度内波浪的入射功率为

$$P_{\text{incident}} = \frac{1}{4}\frac{\rho g A^2 \omega}{k}\Big[1 + \frac{2h_1 k}{\sinh(2h_1 k)}\Big] \tag{2.14}$$

浮箱的俘获效率 η 为浮箱的俘获功率与入射波功率之比，即 η 表示为

$$\eta = \frac{P_{\text{capture}}}{P_{\text{incident}}} \tag{2.15}$$

浮箱的透射系数 K_t 和反射系数 K_r 分别为

$$K_t = \left|\frac{\Phi_I + \Phi_D - \mathrm{i}\omega\zeta\varphi_R}{\Phi_I}\right|_{x = +\infty} \tag{2.16}$$

$$K_r = \left|\frac{\Phi_D - \mathrm{i}\omega\zeta\varphi_R}{\Phi_I}\right|_{x = -\infty} \tag{2.17}$$

2.3　计算结果验证

本书采用波浪能流守恒定律来验证模型中各个物理量（透射系数 K_t、反射系数 K_r 和俘获效率 η）计算的正确性。对于波浪对二维结构物作用的问题，存在等式 $K_t^2 + K_r^2 + K_d = 1$，其中 K_d 为波浪能的捕获和由于流体黏性效应等因素引起的能量耗散。在势流理论的前提下，K_d 指的是结构的捕获效率（即俘获效率），因此存在关系式 $K_t^2 + K_r^2 + \eta = 1$。此外，对于做单自由度运动的二维对称结构，俘获效率 η 的理论最大值为 50%。在该算例中，浮箱的结构参数取宽度 $B = h_1$，吃水 $d_1 = 0.5\,h_1$，水深 $h_1 = 1$ m，能量输出阻尼选取为最优 PTO 阻尼［见式（2.12）］。图 2.3 所示为反射系数、透射系数、俘获宽度比和 $K_r^2 + K_t^2 + \eta$

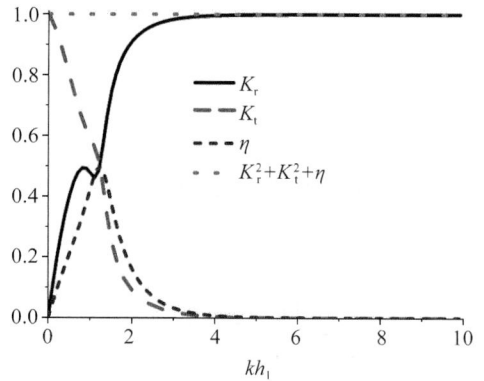

图 2.3　反射系数、透射系数、俘获效率和 $K_r^2 + K_t^2 + \eta$ 的计算结果

的计算结果，其中 kh_1 表示无量纲波数，从中可以看出 $K_t^2 + K_r^2 + \eta = 1$，且 η 的最大值为 50%，这验证了解析模型反射系数、透射系数和俘获效率计算的正确性。

2.4　计算结果分析

对于本章所研究的单浮箱式集成系统,其水动力特性(反射系数、透射系数和垂荡运动响应幅值)和能量输出特性的主要影响因素包括 PTO 阻尼、浮箱的吃水和宽度(沿入射波方向)。本节首先就最优 PTO 阻尼控制下的浮箱和传统的浮式防波堤的水动力特性进行了对比并探究了其水动力特性的差异,揭示出单浮箱式集成系统波浪能俘获和消浪基本原理;其次,就 PTO 阻尼、浮箱的吃水和浮箱的宽度对单浮箱式集成系统水动力特性和能量输出特性的影响进行了研究。

2.4.1　最优 PTO 阻尼控制、自由垂荡型和固定浮箱的对比

本节对比最优 PTO 阻尼控制下的单浮箱式集成系统与自由垂荡型浮箱和固定浮箱的水动力特性(透射系数、反射系数和垂荡运动响应幅值),以探究其水动力特性的差异。计算参数取水深 $h_1 = 10$ m、浮箱宽度 $B = 8$ m 和吃水 $d_1 = 2.5$ m。图 2.4 ~ 图 2.6 为最优 PTO 阻尼控制下的浮箱与自由垂荡型浮箱和固定浮箱的反射系数、透射系数和垂荡运动响应幅值算子的计算结果。通过图 2.4 可以看出,最优 PTO 阻尼控制下的浮箱和自由垂荡型浮箱的反射系数均明显小于固定浮箱的反射系数。就前两者而言,存在某一特定的频率 ω_k,当入射波频率小于 ω_k 时,最优 PTO 阻尼控制的浮箱对应的反射系数大于自由垂荡型浮箱对应的反射系数;而当入射波频率大于 ω_k 时,则反之。从图 2.6 中两种浮箱的垂荡运动响应幅值算子可以得出,该 ω_k 约为垂荡运动响应幅值算子 ξ 的峰值和俘获效率 η 的峰值对应的频率(即浮箱的垂荡自振频率)。由图 2.5 可以看出,最优 PTO 阻尼控制下的浮箱和固定浮箱的透射系数均明显小于自由垂荡型浮箱的透射系数,其中最优 PTO 阻尼控制下的浮箱与固定浮箱的透射系数差别较小。

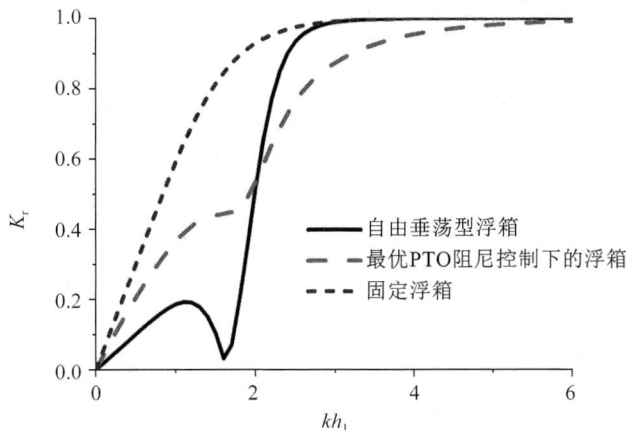

图 2.4　不同类型浮箱的反射系数计算结果图

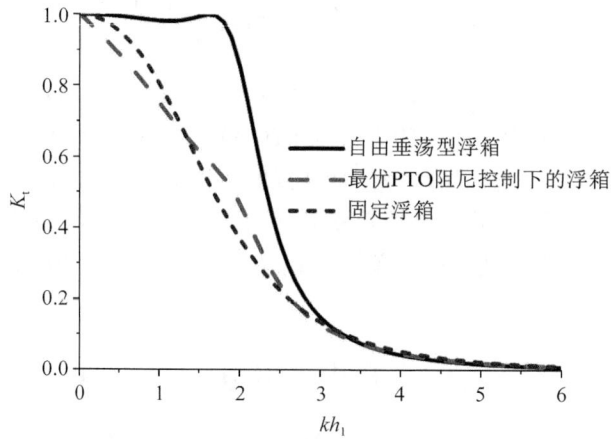

图 2.5　不同类型浮箱的透射系数计算结果图

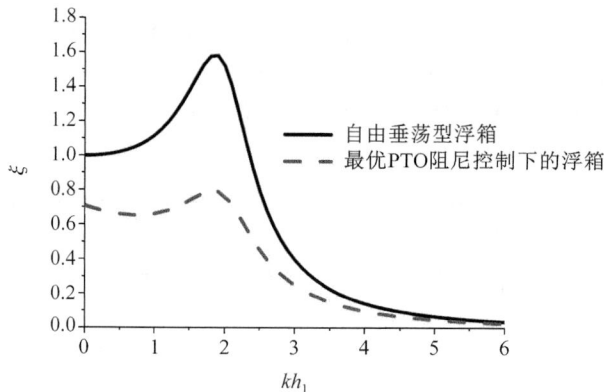

图 2.6　不同类型浮箱的垂荡运动响应幅值算子计算结果图

　　由图 2.7 可以看出,当浮箱处于共振状态时,该集成系统的俘获效率、反射系数和透射系数均为 0.5。对于做单自由度运动的二维对称结构,当结构运动速度和波浪激振力同相位时(此条件发生在共振处),其最大俘获效率为 50%,这也意味着透射波和反射波的能量之和为入射波能量的 50%。对于做单自由度运动的二维对称结构,当发生共振时,反射波的波浪能量和透射波的波浪能量均为入射波能量的 25%,反射系数和透射系数均为 0.5,这与图 2.7 中的计算结果一致。

　　对于浮式防波堤,透射系数小于 0.5 即满足工程要求。通过图 2.7 可以看出:当入射波频率高于浮体的垂荡自振频率时,集成系统的透射系数小于 0.5。考虑到波浪能俘获的需要,集成系统需要具有有效的俘获效率($\eta > 20\%$)。基于该理论分析结果,该集成系统的有效频宽(满足条件 $K_t < 0.5$ 和 $\eta > 20\%$)为 $1.9 < kh_1 < 3.1$。

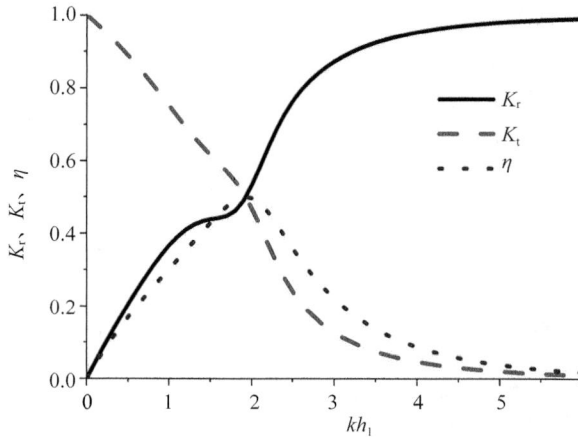

图 2.7　最优 PTO 阻尼控制下的单浮箱式集成系统的
反射系数、透射系数和俘获效率

综上所述,在特定的频率区间(区间的低阈值为垂荡自振频率),集成系统(最优 PTO 阻尼控制下的浮箱)既可以有效地捕获波浪能,又具有良好的消浪性能;相对自由垂荡型浮箱,其透射系数明显减小并接近固定浮箱的透射系数,而且其反射系数均小于其余两者的反射系数。此外,最优 PTO 阻尼控制下的浮箱的垂荡运动响应幅值算子明显较小。就防波堤功能而言,最优 PTO 阻尼的加入使集成系统具有更加优异的水动力特性。

2.4.2　浮箱宽度的影响

对于单浮箱式集成系统来说,浮箱的宽度和吃水是影响其性能的关键因素。本节探讨了浮箱宽度(B)对单浮箱式集成系统的反射系数、透射系数、俘获效率和垂荡运动响应幅值算子的影响规律。图 2.8 所示为不同相对宽度($B/h_1 = 0.2, 0.5, 0.8, 1.1$ 和 1.4)下的反射系数、透射系数、俘获效率和垂荡运动响应幅值算子的计算结果。吃水和水深分别为 $d_1 = 2.5$ m 和 $h_1 = 10$ m(即相对吃水 $d_1/h_1 = 0.25$),采用最优 PTO 阻尼作为能量输出阻尼。从图 2.8 可以看出,浮箱的相对宽度越大,其反射系数越大、透射系数越小,即集成系统的消浪效果越好。对于俘获效率,这四种工况下的峰值均为 50%。但是随着相对宽度的增加,俘获效率的峰值对应的无量纲波数趋向低频区。垂荡运动响应幅值算子的峰值随宽度的增加而减小,峰值对应的无量纲波数也趋向低频区,这是因为随着浮箱宽度的增加,浮箱的共振频率呈减小趋势。

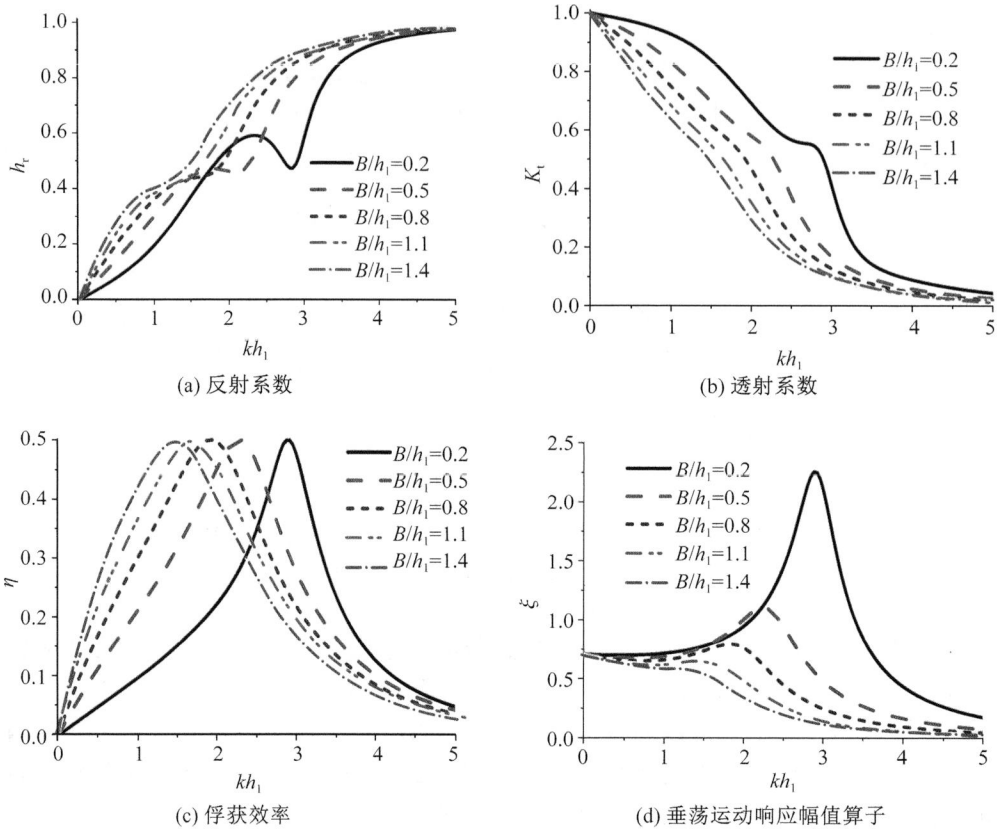

(a) 反射系数

(b) 透射系数

(c) 俘获效率

(d) 垂荡运动响应幅值算子

图 2.8 不同相对宽度下的反射系数、透射系数、俘获效率和垂荡运动响应幅值算子的计算结果

2.4.3 浮箱吃水的影响

吃水也是单浮箱式集成系统的重要影响因素,本节研究了浮箱吃水对集成系统水动力特性的影响。为方便处理,将浮箱的吃水 d_1 进行无量纲处理,即取相对吃水(d_1/h_1)。图 2.9 所示为不同相对吃水($d_1/h_1 = 0.05, 0.15, 0.25, 0.35$ 和 0.45)下的反射系数、透射系数、俘获效率和垂荡运动响应幅值算子的计算结果。浮箱的宽度 $B = 8$ m,水深 $h_1 = 10$ m(即相对宽度 $B/h_1 = 0.8$),入射波幅 $A = 1$ m。采用最优 PTO 阻尼作为能量输出阻尼。从图 2.9 可以看出,浮箱相对吃水越深,其消浪效果越好。对于俘获效率来说,相对吃水对俘获效率的峰值大小没有影响,但对峰值的位置有影响,随着吃水的增加,俘获效率峰值对应的无量纲波数向低频区移动,运动响应幅值算子随吃水增加而减小,其对应的峰值也向低频区移动。这是因为随着相对吃水的增加,浮箱的垂向自振频率呈减小趋势。此外,随着吃水的增加,浮箱的有效频宽($\eta > 20\%$)变窄。

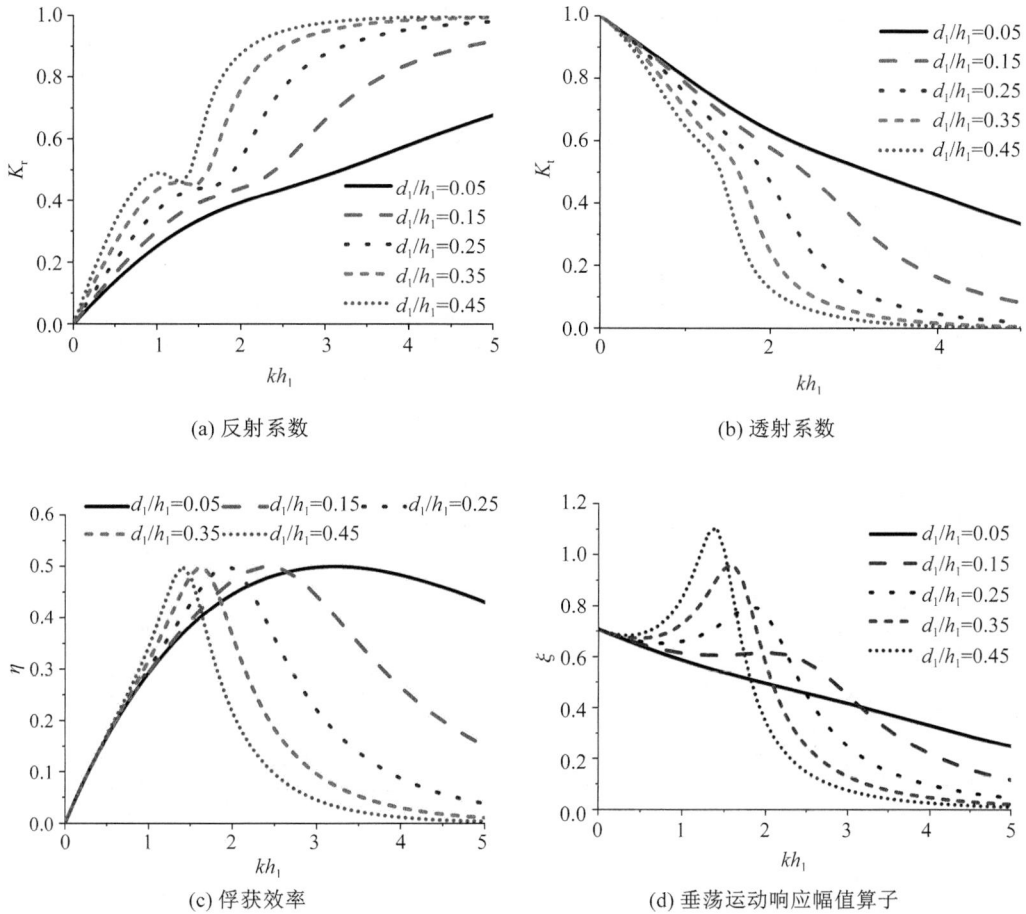

(a) 反射系数

(b) 透射系数

(c) 俘获效率

(d) 垂荡运动响应幅值算子

图 2.9　不同相对吃水下的反射系数、透射系数、俘获效率和垂荡运动响应幅值算子计算结果

2.4.4　PTO 阻尼的影响

第 2.4.1~2.4.3 节选定最优 PTO 阻尼作为能量输出阻尼的前提下,对各个参数对系统的影响进行了研究。对于波浪能发电装置,PTO 阻尼对装置的性能影响至关重要。本节主要探讨 PTO 阻尼对集成系统反射系数、透射系数、俘获效率和垂荡运动响应幅值算子的影响。浮箱的结构参数为吃水 $d_1 = 2.5$ m、宽度 $B = 8$ m、水深 $h_1 = 10$ m。为考察集成系统的反射系数、透射系数、俘获效率和垂荡运动响应幅值算子随 PTO 阻尼的变化趋势,本节针对 $kh_1 = 1, 2, 3$ 和 4 的波况对反射系数、透射系数、俘获效率和运动响应幅值算子进行计算并分析讨论,图 2.10 所示为计算结果。为更为清晰地观察各物理量的变化趋势,取横坐标为 $C^{0.5}$,其中 C 为常数,且满足 $\lambda_{\text{PTO}} = C \cdot \lambda_{\text{optimal}}$。当 $kh_1 = 2, 3$ 和 4 时,反射系数随 PTO 阻尼的增加呈先减小后增大趋势;当 $kh_1 = 1$ 时,反射系数呈增加趋势。

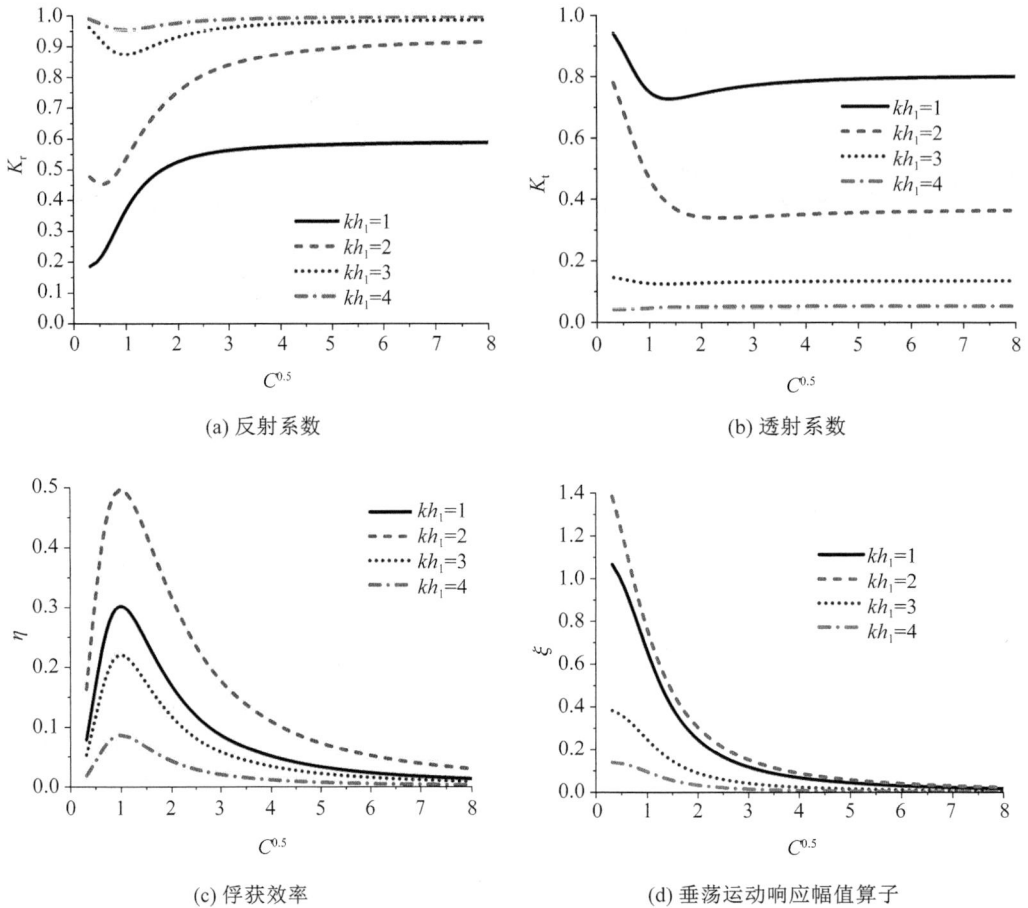

(a) 反射系数

(b) 透射系数

(c) 俘获效率

(d) 垂荡运动响应幅值算子

图 2.10 反射系数、透射系数、俘获效率和运动响应幅值算子的计算结果

对于透射系数,当 $kh_1 = 1,2$ 和 3 时,呈先减小后增大趋势,而当 $kh_1 = 4$ 时,则呈现略微增大趋势。反射系数的表达式包含绕射势和辐射势的叠加[式(2.16)],随着阻尼的增加(即运动响应幅值的减小),辐射势呈现减小趋势,鉴于辐射势为一个复数,反射系数的表达式亦是复数,因此取模之后的反射系数并不呈现单一地增加或者减小的趋势;对于透射系数亦是如此。俘获效率随着 PTO 阻尼的增加呈抛物线变化趋势,并且当 $C = 1$(即 PTO 阻尼为最优阻尼)时,俘获效率存在峰值。

为详细考察 $0 < kh_1 < 5$ 时,不同 PTO 阻尼对应集成系统的水动力特性和能量输出特性的差异,取 PTO 阻尼为 $\lambda_{\text{PTO}} = 0.8\lambda_{\text{optimal}}、1.0\lambda_{\text{optimal}}、1.5\lambda_{\text{optimal}}、2.0\lambda_{\text{optimal}}、5.0\lambda_{\text{optimal}}$ 和 $10\,000\lambda_{\text{optimal}}$ 的工况进行计算。图 2.11(a)为反射系数的计算结果,可以看出,随着 PTO 阻尼的增加,反射系数呈增加趋势。从图 2.11(b)可知,在不同的频率区间,PTO 阻尼的变化对透射系数的影响不同:在低频区($kh_1 < 1.3$),随着 PTO 阻尼的增加,透射系数呈增加趋势;在中频区($1.3 \leqslant kh_1 \leqslant 2.7$),透射系数呈先减小后增加趋势;在高频区($kh_1 > 2.7$),PTO 阻尼的变化对透射系数的影响较小。在中频区,$\lambda_{\text{PTO}} = 5.0\lambda_{\text{optimal}}$ 对应的透射系数小于 $\lambda_{\text{PTO}} =$

$10\,000\lambda_{\text{optimal}}$ 对应的透射系数。当 $\lambda_{\text{PTO}} = 10\,000\lambda_{\text{optimal}}$ 时，浮箱的运动响应幅值为 0，即为固定浮箱。也就是说，通过合理控制 PTO 阻尼可使浮式防波堤的透射系数小于固定式防波堤的透射系数。

从图 2.11(d) 中可以看出，在整个计算的频率范围内，最优 PTO 阻尼对应的俘获效率最大，其峰值的位置与运动响应幅值算子的峰值位置相同[图 2.11(c)]。这里定义条件 $K_t < 0.5$ 和 $\eta > 20\%$ 为该集成系统的有效工作条件，其对应的频率区间宽度为有效频宽。当 $\lambda_{\text{PTO}} = 1.0\lambda_{\text{optimal}}$ 时，有效频宽为 $1.925 < kh_1 < 3.075$；当 $\lambda_{\text{PTO}} = 1.5\lambda_{\text{optimal}}$ 时，有效频宽为 $1.723 < kh_1 < 3.02$；当 $\lambda_{\text{PTO}} = 2.0\lambda_{\text{optimal}}$ 时，有效频宽为 $1.625 < kh_1 < 2.92$。当 PTO 阻尼取为最优 PTO 阻尼时，集成系统的俘获效率最优，但是若同时考虑透射系数和俘获效率，则当 $\lambda_{\text{PTO}} = 1.5 - 2\lambda_{\text{optimal}}$ 时，集成系统的有效频宽较宽。

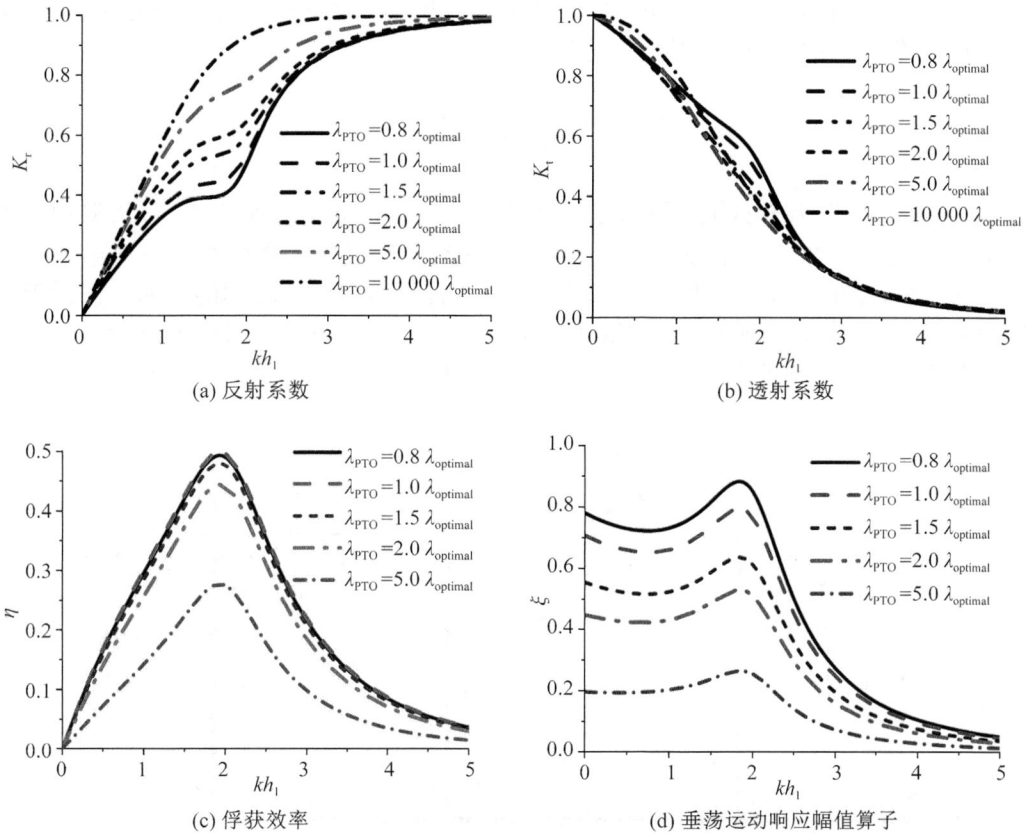

(a) 反射系数　　　　　　　　　　(b) 透射系数

(c) 俘获效率　　　　　　　　　　(d) 垂荡运动响应幅值算子

图 2.11　不同 PTO 阻尼对应的反射系数、透射系数、垂荡运动响应幅值算子和俘获效率计算结果

第3章 岸线反射对波浪能装置水动力特性的影响

在近岸或大型岛礁附近海域，岸线是影响波浪场分布的重要因素。由于岸线的存在，近岸区域存在入射波和反射波的叠加，因此近岸反射对海工结构物的水动力特性产生重要的影响。近岸或岛礁区域是浮式防波堤–波浪能装置集成系统的主要应用区域，该类问题的突破对系统在近岸区域的应用至关重要。

3.1 数学模型

岸线条件下二维浮箱式波浪能装置和笛卡儿坐标系的布置如图3.1所示，采用二维笛卡儿坐标系，原点的中心位于静水面与防波堤中轴线的交点处。浮箱宽度为 $B = 2a$，a 为浮箱宽度的一半，浮箱吃水深度为 d_1，水深为 h_1，D 为浮箱与海岸墙之间的距离。假设浮箱做小振幅升沉运动，质量和刚度项分别表示为 $M = 2\rho a d_1$ 和 $K = 2\rho g a$，其中 ρ 和 g 分别为水的密度和重力加速度。入射波振幅、波高、波长和波周期分别用 A、H_0、L 和 T 表示。

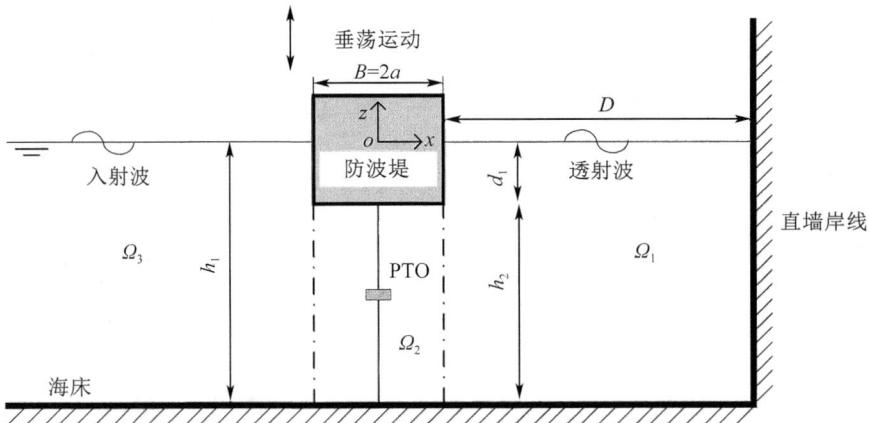

图3.1 岸线条件下二维浮箱式波浪能装置和笛卡儿坐标系布置图

如图3.1所示，流体域分成三个子域（Ω_1、Ω_2 和 Ω_3）。整个区域的流体运动由速度势描述为

$$\varphi(x,z,t) = \mathrm{Re}\big[\Phi(x,z)\exp(-\mathrm{i}\omega t)\big] \tag{3.1}$$

式中　t——时间；

$\quad \mathrm{i} = \sqrt{-1}$；

ω——角频率;

Re[　]——取实部;

$\Phi(x,z)$——一个复杂的空间势,满足 Laplace 方程:

$$\frac{\partial^2 \Phi}{\partial x^2} + \frac{\partial^2 \Phi}{\partial z^2} = 0 \tag{3.2}$$

考虑浮箱结构的垂荡运动,$\Phi(x,z)$ 可分解为

$$\Phi = \Phi_I + \Phi_D + \Phi_R \tag{3.3}$$

式中　Φ_D——绕射势;

　　　Φ_R——由浮箱的升沉运动引起的辐射势;

　　　Φ_I——入射势,定义为

$$\Phi_I = -\frac{igA}{\omega} \frac{\cosh[k(z+h_1)]}{\cosh(kh_1)} \exp(ikx) \tag{3.4}$$

其中,k 是波数,满足 $\omega = gk\tanh(kh_1)$ 的色散关系。

对于辐射问题,辐射势 Φ_R 可以表示为

$$\Phi_R = -i\omega z \zeta \varphi_R(x,z) \tag{3.5}$$

式中　ζ——垂荡运动响应幅值;

　　　φ_R——复空间速度势,满足以下边界条件:

$$\begin{cases} \dfrac{\partial \varphi_R}{\partial z} - \dfrac{\omega^2 \varphi_R}{g}\varphi_R = 0 \ (z=0, x<-a \ \text{且} \ a<x<D+a) \\[3mm] \dfrac{\partial \varphi_R}{\partial z} = 0 \ (z=-h_1) \\[3mm] \dfrac{\partial \varphi_R}{\partial z} = 1 \ (z=-d_1, |x| \leqslant a) \\[3mm] \dfrac{\partial \varphi_R}{\partial x} = 0 \ (-d_1 < z < 0, x = \pm a) \\[3mm] \dfrac{\partial \varphi_R}{\partial x} = 0 \ (-h_1 < z < 0, x = D+a) \\[3mm] \varphi_R \ \text{无穷远处有限值}, x \to -\infty \end{cases} \tag{3.6}$$

对于绕射问题,边界条件可以写成

$$\begin{cases} \dfrac{\partial \Phi_D}{\partial z} - \dfrac{\omega^2}{g}\Phi_D = 0 \ (z=0, x<-a \ \text{且} \ a<x<D+a) \\[3mm] \dfrac{\partial \Phi_D}{\partial z} = 0 \ (z=-h_1) \\[3mm] \dfrac{\partial \Phi_D}{\partial z} = -\dfrac{\partial \Phi_I}{\partial z} \ (z=-d_1, |x| \leqslant a) \\[3mm] \dfrac{\partial \Phi_D}{\partial x} = -\dfrac{\partial \Phi_I}{\partial x} \ (-d_1 \leqslant z \leqslant 0, x = \pm a) \\[3mm] \dfrac{\partial \Phi_D}{\partial x} = -\dfrac{\partial \Phi_I}{\partial x} \ (-h_1 \leqslant z \leqslant 0, x = a+D) \\[3mm] \Phi_D \ \text{无穷远处有限值}, x \to -\infty \end{cases} \tag{3.7}$$

由辐射和绕射的频域速度势表达式可以导出波浪激振力 F_z、附加质量 μ 和辐射阻尼 λ 的表达式[84]。根据频域中的运动方程，垂荡运动响应幅值 ζ 可表示为

$$\zeta = \frac{F_z}{-\omega^2(M+\mu) - i\omega(\lambda + \lambda_{PTO}) + K} \tag{3.8}$$

式中，λ_{PTO} 为能量输出阻尼。垂荡运动响应幅值算子 ξ 定义为 ζ/A。最优 PTO 阻尼可表示为

$$\lambda_{optimal} = \sqrt{[K/\omega - \omega(M+\mu)]^2 + \lambda^2} \tag{3.9}$$

俘获效率 η 表示为 $\eta = P_{capture}/P_{incident}$，其中 $P_{incident}$ 为入射波功率，$P_{capture}$ 为 PTO 阻尼为 λ_{PTO} 的波浪能装置吸收的功率。

流体域 Ω_1 中任意点的自由表面高程为

$$\xi_1(x,z) = \frac{i\omega}{g}\Phi_1 \tag{3.10}$$

式中，Φ_1 为速度势[84]。

反射系数 K_r 可表示为

$$K_r = |(\Phi_D - i\omega\zeta\varphi_R)/\Phi_I|_{x=-\infty} \tag{3.11}$$

3.2　模型验证

在势流理论的框架内满足波浪能通量守恒定律，因此，$K_r{}^2 + \eta = 1$ 可用来验证所提出的解析模型。图 3.2 所示为 K_r、η 和 $K_r{}^2 + \eta$ 相对无量纲波数 kh_1 的变化趋势。几何参数：$B/h_1 = 0.6$，$d_1/h_1 = 0.3$，相对间距 $D/h_1 = 0.5$，能量输出阻尼选择最优 PTO 阻尼 $\lambda_{optimal}$。为了保证数值收敛，辐射和绕射势级数截断为 25 项。图 3.2 满足能量守恒关系，验证了解析模型的准确性。

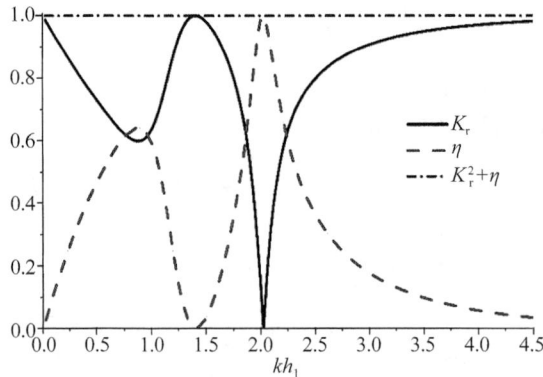

图 3.2　不同无量纲波数下 K_r、η 和 $K_r{}^2 + \eta$ 的计算结果

3.3 计算结果分析

为了说明该问题的流体动力学现象,把问题分成两种情况:小间隙和大间隙。对于小间隙的情况,装置和海岸墙之间的间隙相当于小于系统的宽度(即 $D/B < 1$)。相比之下,对于大间隙的情况,装置和海岸墙之间的间隙相当于大于等于系统的宽度(即 $D/B \geq 1$)。

3.3.1 小间隙的情况

考虑到浮箱防波堤布置在海岸墙的正前方以及浮箱和海岸墙之间的水波的水动力特性,对于间隙较小的情况,防波堤和海岸墙之间的水体运动大多为准活塞运动,则间隙中的波高 H_g 和无量纲波面高程 H_g/H_0 分别表示为

$$H_g = |2\xi_1(x,0)| \tag{3.12}$$

$$H_g/H_0 = |2\xi_1(x,0)/H_0| \tag{3.13}$$

式中,$\xi_1(x,0)$ 为系统和海岸墙之间的自由波面上的波高。

图 3.3 显示了四种间隙情况下 $D/h_1 = 0.2,0.3,0.4$ 和 10^{-5} 的计算结果,水波在小间隙中呈现准活塞运动[图 3.3(c)],考虑到浮式防波堤 – 阵列波浪能装置集成系统非常靠近海岸墙的条件(即 $D/h_1 = 10^{-5}$),可以忽略 H_g/H_0,其他参数保持不变,$B/h_1 = 0.6,d_1/h_1 = 0.3$。如图 3.3(a)所示,反射系数有两个波谷,在这两个波谷之间出现一个峰值 $K_r = 1.0$。相比之下,图 3.3(b)中的俘获效率的趋势则相反。从图 3.3(c)中发现间隙共振伴随着 K_r 的第一个波谷和俘获效率的第一个波峰的出现。图 3.3(d)中垂荡固有共振发生在 $kh_1 = 0.7\pi$ 处,其中入射波频率等于或接近垂荡固有频率,固有频率对应俘获效率、H_g/H_0 和垂荡运动响应幅值算子的第二个峰值,然而,在波浪能装置非常靠近海岸墙的情况下($D/h_1 = 10^{-5}$),只存在一个峰值。

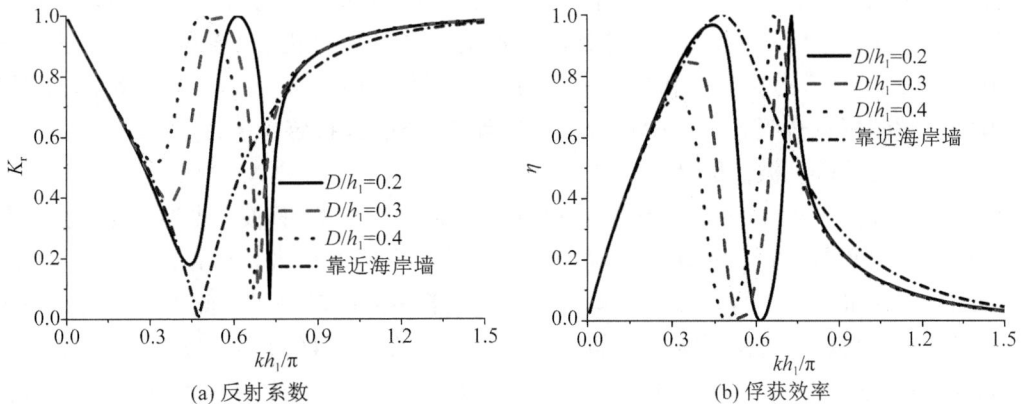

(a) 反射系数

(b) 俘获效率

(c) 相对波幅

(d) 垂荡运动响应幅值算子

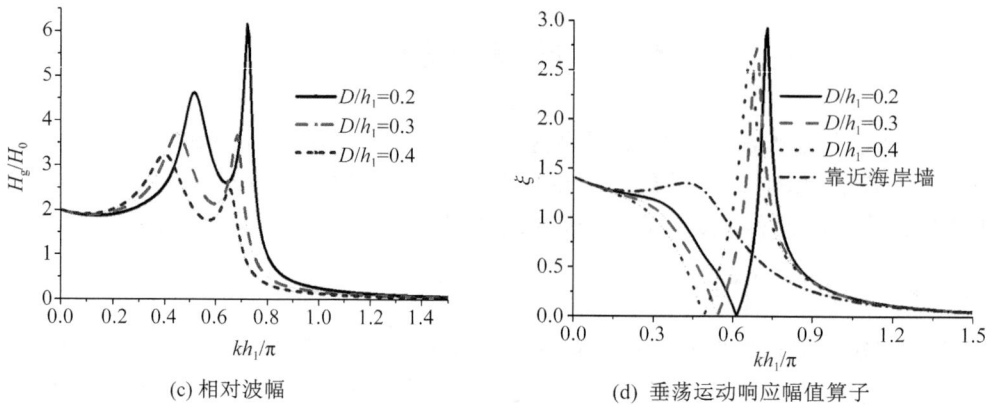

图 3.3　无量纲波数 kh_1/π 和最优 PTO 阻尼控制下
浮箱的 K_r、η、H_g/H_0 和垂荡运动响应幅值算子的变化

为了进一步说明图 3.3 中的结果和水动力系数之间的关系,这里给出了图 3.4(a)中的无量纲附加质量 μ 和辐射阻尼 λ 以及图 3.4(b)中的无量纲波激振力 F_z 相对于无量纲波数 kh_1/π 的变化,图 3.4(c)中考虑了无量纲横向波浪力 F_x,包括间隙 $D/h_1 = 0.2$ 的情况和开敞水域装置。与开敞水域的情况不同,在 $0.45 \leqslant kh_1/\pi \leqslant 0.5$ 对应的频率范围内,附加质量从正值到负值急剧下降,相应地,出现辐射阻尼的峰值,并且俘获效率接近第一峰值。近共振驻波出现在阻尼系数的最大值和最小值之间($0.475 < kh_1/\pi < 0.61$)。附加质量负值与间隙中水体运动的活塞模式相关,在装置和海岸墙的间隙中的水体运动称为 Helmholtz 模态。活塞模式下的间隙共振[图 3.3(c)]发生在图 3.3(b)中俘获效率的第一峰值的频率附近。与开敞水域情况相比,当入射波频率在垂荡模式下等于或接近自然频率时,俘获效率存在另一个峰值,活塞共振现象出现在波浪能俘获效率的第一个峰值处。间隙越小,活塞模式下俘获效率的第一个峰值越大[图 3.3(b)],H_g/H_0 的第一个峰值越高[图 3.3(c)]。值得注意的是,随着相对频率的增加,第一个峰值的活塞模式共振频率向低频区域移动。

图 3.3 还显示了浮式防波堤－波浪能装置集成系统的性能,该系统非常靠近海岸墙(即 $D/h_1 = 10^{-5}$)。入射波频率和自然频率的匹配导致 $\eta = 1.0$ 和 $K_r = 0$ 的现象,也就是说,入射波能量被装置完全吸收。至少在线性势流理论的框架内,装置的沿海岸墙侧似乎有利于发展高效的升沉阵列波浪能装置。

此外,当 $kh_1/\pi = 0.61$ 时,辐射阻尼为零,没有产生辐射波,波浪激振力也为零[图 3.4(b)],从而导致俘获和垂荡运动响应幅值算子零值的出现。根据能量守恒定律,可以推导出对应于 $K_r = 1.0$ 的强反射现象,因此波浪能俘获效率为零。此外,水平波浪力 F_x 的大小对于评估桩约束升沉浮标的可靠性至关重要。从图 3.4(c)中可以看出,在某一频率下,具有海岸墙的 F_x 明显大于开敞水域下波浪能装置的 F_x,这对应于间隙中的活塞模式,实际工程应用时应该重点考虑。

(a) 附加质量和辐射阻尼

(b) 波浪激振力

(c) 水平波浪力

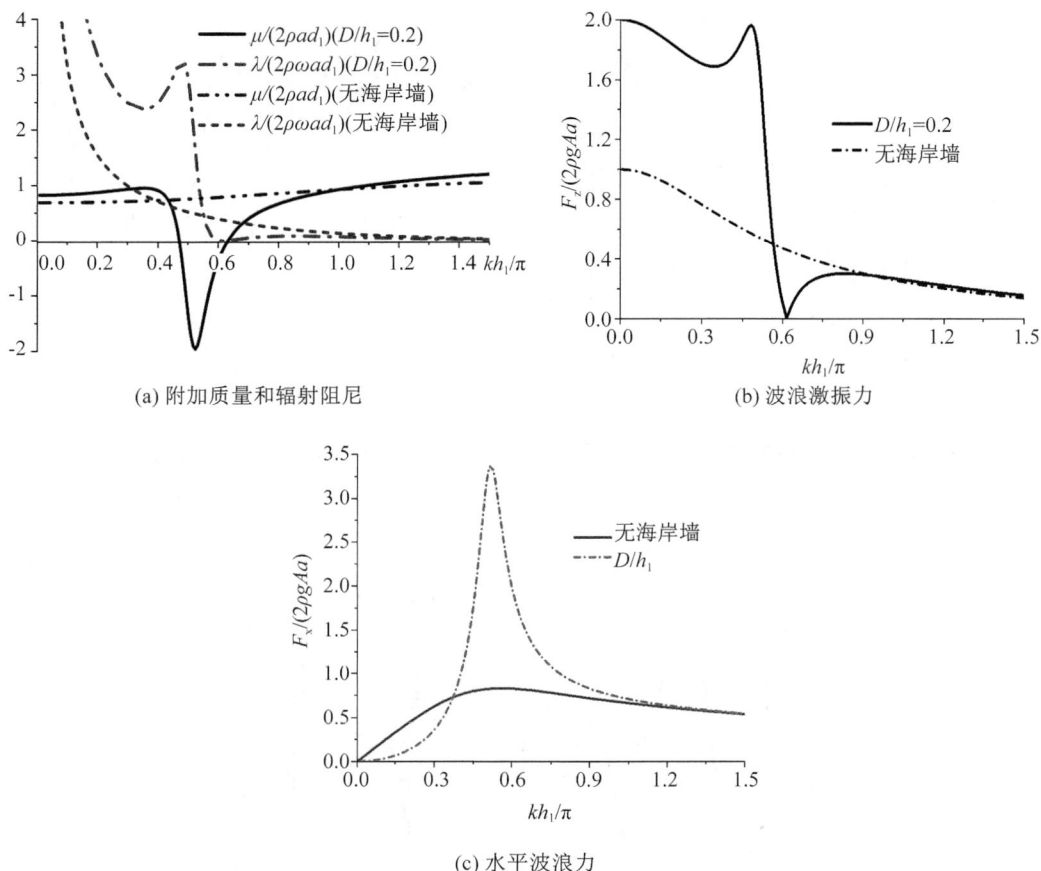

图 3.4　有无海岸墙的情况下无量纲波数 kh_1/π 下的
$\mu/(2\rho a d_1)$、$\lambda/(2\rho\omega a d_1)$、$F_z/(2\rho g A a)$ 和 $F_x/(2\rho g A a)$ 变化趋势

3.3.2　大间隙的情况

　　本节研究了具有较大间隙的浮式防波堤 – 阵列波浪能装置集成系统的性能。对于间隙较大的情况,防波堤的尺寸与海岸墙和装置之间的距离相比较小,考虑 $D/h_1 = 5.5$ 和 7.5 两种间隙,其他参数保持不变,$B/h_1 = 0.6$ 和 $d_1/h_1 = 0.3$。如图 3.5 所示,低频区$(0 < kh_1/\pi < 0.8)$,俘获效率 η 和反射系数 K_r 随着无量纲波数的增多呈周期性变化。众所周知,直墙海岸入射波和反射波的叠加导致了驻波。这里为了便于分析,利用 D 和 h_1 的关系,将 kD 作为分析变量。$kD = n\pi$ 和 $kD = (n+0.5)\pi$ 的位置对应于驻波场的波腹和波节,其中水粒子分别在垂直和水平方向上运动。因此,峰值和谷值出现在 $kD \approx n\pi$ 和 $kD \approx (n+0.5)\pi$。图 3.6 中,当 $kD \approx n\pi$ 时海岸墙与波浪能装置之间的水体发生晃动共振,且在无量纲波数 $kD \approx n\pi$ 时,附加质量为负值,辐射阻尼有一个峰值。当 $kD \approx (n+0.5)\pi$ 时,辐射阻尼为零。因此,晃动模式的水动力系数的变化类似于活塞模式在小间隙情况下的变化。

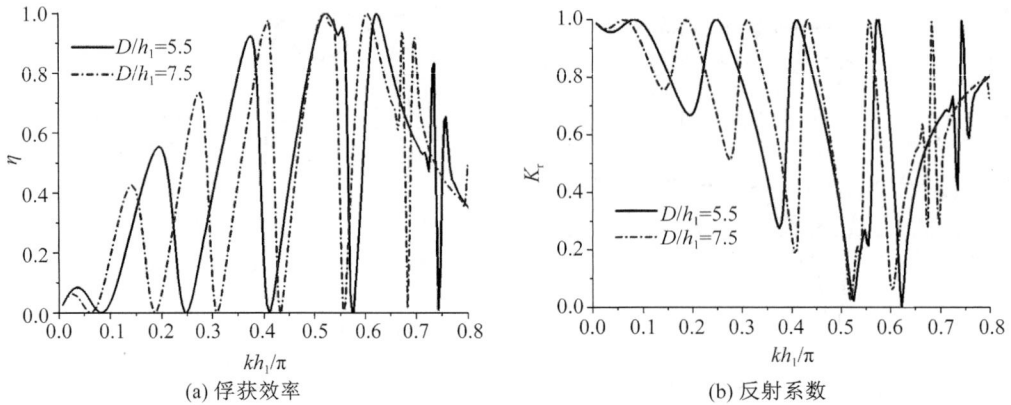

(a) 俘获效率　　　　　　　　　　　　(b) 反射系数

图 3.5　不同间隙和最优 PTO 阻尼控制下的 η 和 K_r 随无量纲波数 kh_1/π 的变化趋势

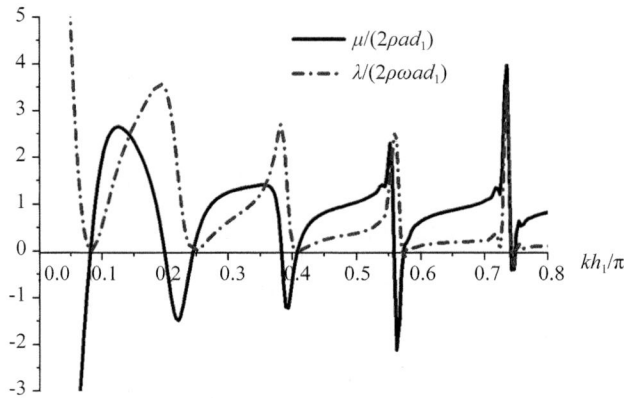

图 3.6　间隙 $D/h_1=5.5$ 时 $\mu/(2\rho ad_1)$ 和 $\lambda/(2\omega ad_1)$ 相对于无量纲波数 kh_1/π 的变化

　　位于波腹位置的波浪能装置可产生高波浪能俘获效率,反之亦然。当入射波频率接近浮箱垂荡固有频率时,在高频区域($0.70 < kh_1/\pi < 0.80$)观察到共振。总之,集成系统和海岸墙之间水体的晃动共振显著地改变了集成系统的俘获效率,主要体现在波浪能俘获效率的增加与晃动共振相对应。

　　为了研究集成系统对靠近海岸墙的波高的影响,这里定义了一个无量纲波高系数 H_s/H_0,其中 H_s 代表靠近海岸墙的波高。H_s/H_0 越大,海工结构物遭受的损害就越大。本书通过分析附加质量和阻尼系数,研究了共振现象与水动力系数之间的关系。从图 3.7 中可知,俘获效率、反射系数、垂荡运动响应幅值算子和无量纲波高系数 H_s/H_0 在整个频率范围内相对间隙周期性变化。如图 3.8 所示,当附加质量和辐射阻尼发生剧烈变化时,会发生晃动共振。类似于图 3.5 中揭示的情况,图 3.8 中,俘获效率和垂荡运动响应幅值算子在 $kD \approx n\pi$ 的位置处达到最大值,这对应于晃动模式。俘获效率和垂荡运动响应幅值算子的最小值可以在对应于波节点的 $kD \approx (n+0.5)\pi$ 处找到。在这样的频率下,由于 z 方向上的零波浪激振力,防波堤是静止的。当 $kD \approx (n+0.5)\pi$ 时,可以观察到无量纲波高系数 H_s/H_0 的剧烈变化,其中随着波数的减少,集成系统与海岸墙之间的波浪达到入射波高的 $2\sim2.5$ 倍。对于描述的浮式防波堤－波浪能装置集成系统,透射系数(即集成系统背浪侧波幅与入射波幅的比值)随着波数的增加呈单调递减趋势。

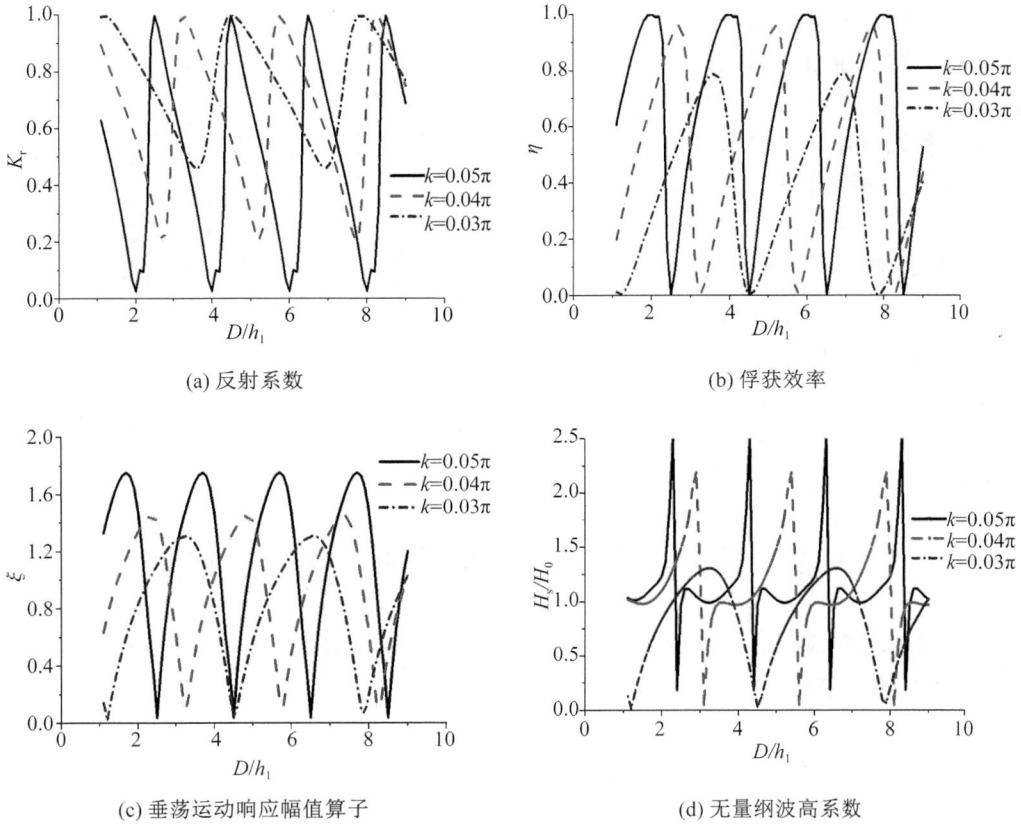

(a) 反射系数

(b) 俘获效率

(c) 垂荡运动响应幅值算子

(d) 无量纲波高系数

图 3.7　不同波数和最优 PTO 阻尼控制下 K_r、η、ξ 和 H_s/H_0 间距改变的变化趋势

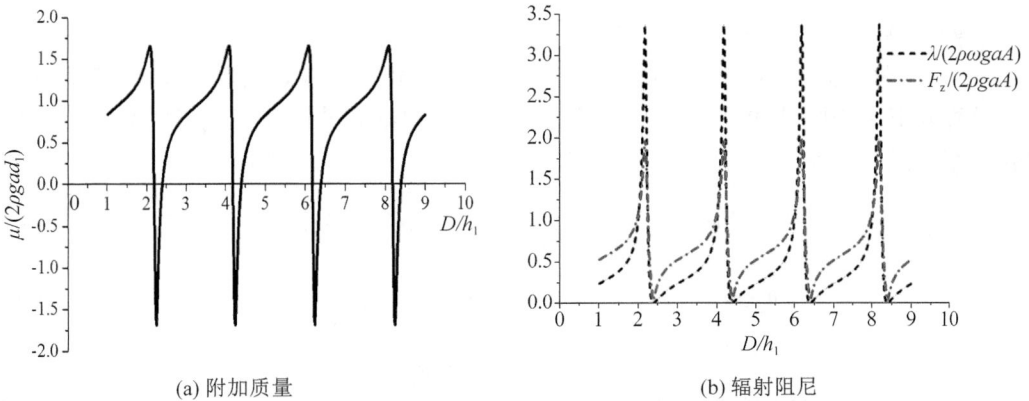

(a) 附加质量

(b) 辐射阻尼

图 3.8　特定波数下附加质量、辐射阻尼和波浪激振力随间距的变化趋势

3.3.3 间隙对波浪能俘获效率的影响

很明显,间隙会影响装置的波浪能俘获效率和浮式防波堤－波浪能装置集成系统的波浪衰减性能。这里直接比较了浮式防波堤－波浪能装置集成系统在有无海岸墙的情况下的波浪能俘获效率,两种情况下的比较结果如图 3.9 所示。对于开敞水域的集成系统,俘获效率最大值为 50%。由于海岸反射,可以获得更大的俘获效率最大值,但是因存在低值,从而导致俘获效率相对于 kh_1/π 的波动。间隙越大,俘获效率与 kh_1/π 的波动越大。

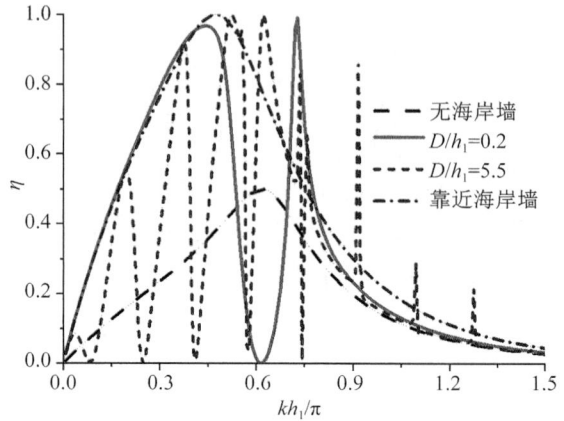

图 3.9 不同情况下俘获效率的变化值

请注意,在设计这种波浪能装置时,应避免俘获效率等 0 的情况。

3.4 不规则波中集成系统水动力性能

本节研究了集成系统在不规则波中的水动力性能,采用修正后的 JONSWAP 谱,修正 JONSWAP 谱的谱密度函数 $S(\omega)$ 表示为

$$S(\omega) = \frac{0.062\ 4}{0.230 + 0.033\ 6\gamma - 0.185\ (1.9 + \gamma)^{-1}} H_{1/3}^2 \frac{\omega_m^4}{\omega^5} \exp\left[-\frac{5}{4}\left(\frac{\omega_m}{\omega}\right)^4\right] \gamma^{\exp\left[-\frac{(\omega - \omega_m)^2}{2\sigma^2\omega_m^2}\right]}$$

$$(3.14)$$

式中　$H_{1/3}$——有效波高;

　　　ω_m——频谱频率;

　　　γ——峰值增强因子($\gamma = 3.3$);

　　　σ——峰形系数,对于 $\omega \leqslant \omega_m$ 和 $\omega > \omega_m$ 的情况,峰形系数 σ 分别选择 0.07 和 0.09。

计算入射不规则波的功率 $P_{\text{irregular}}$,第 j 波分量的规则波的群速度 v_g,振幅 A_j 以及浮箱的俘获功率 P_{buoy}:

$$P_{\text{irregular}} = \rho g \sum_{j=1}^N v_g(\omega_j, h_1) S(\omega_j) \Delta\omega_j \tag{3.15}$$

$$v_g(\omega_j, h_1) = \frac{g}{2\omega_j} \tanh(k_j h_1) \left[1 + \frac{2k_j h_1}{\sinh(k_j h_1)}\right] \tag{3.16}$$

$$A_j = \sqrt{2S(\omega_j)\Delta\omega_j} \tag{3.17}$$

浮箱在 ω_m 处的波浪能俘获功率为

$$P_{\text{buoy}}(\omega_m) = \sum_{j=1}^N \lambda_{\text{PTO\_m(optimal)}} \omega_j^2 |\zeta_j|^2 S(\omega_j) \Delta\omega_j \tag{3.18}$$

式中　ζ_j——垂荡运动响应幅值;

$\lambda_{\text{PTO\_m(optimal)}}$——$\omega_{\text{m}}$ 处的最优 PTO 阻尼。

反射波的频谱密度函数 $S_{\text{r}}(\omega_j)$ 可计算如下:

$$S_{\text{r}}(\omega_j) = K_{\text{r}-j}^2 S(\omega_j) \tag{3.19}$$

式中,$K_{\text{r}-j}$ 为第 j 波的反射系数。

平均反射系数 $\overline{K}_{\text{r}}$ 和平均俘获效率 $\overline{\eta}$ 可分别表示为

$$\overline{K}_{\text{r}} = \sqrt{\int_0^\infty S_{\text{r}}(\omega)\,\mathrm{d}\omega \Big/ \int_0^\infty S(\omega)\,\mathrm{d}\omega} \tag{3.20}$$

$$\overline{\eta} = P_{\text{buoy}}/P_{\text{irregular}} \tag{3.21}$$

将 ω_{m} 范围从低频 ω_{l} 设置到高频 ω_{h},并将 $[\omega_{\text{l}},\omega_{\text{h}}]$ 均分为 M_1 份(250 份)。

从图 3.10 可以发现,不规则波中 $\overline{\eta}$ 和 $\overline{K}_{\text{r}}$ 的趋势与规则波中的趋势相似。对于俘获效率,峰值的位置类似于规则波的情况,但是不规则波情况下的曲线波动相对减弱。一般来说,$\overline{\eta}$ 在所研究的整个频率范围内随着间隙的减小而增加。与规则波的情况相比,在不规则波的情况下,波浪能装置和海岸墙之间水体的活塞和晃动共振的影响较弱。此外,不规则波不存在 $\overline{\eta}=0$ 和 $\overline{K}_{\text{r}}=1$ 的条件。不规则波在现实的海洋状态中很常见。对于不规则波的情况,从效率和波的衰减性能的角度来看,海岸反射的影响是不能忽略的,尽管这种影响相对于规则波的情况较轻。除了固有频率,海岸墙与波浪能装置之间的间隙也决定了波浪能装置的性能。在沿海地区设计这种装置时,应充分考虑这一点。

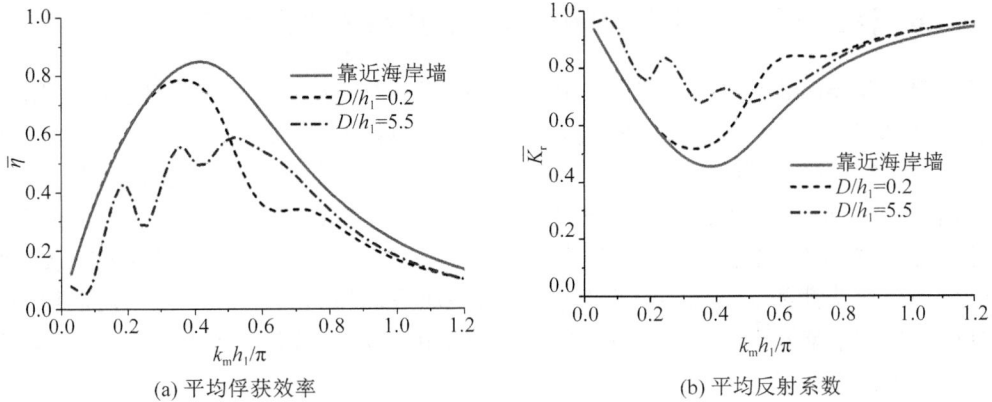

(a) 平均俘获效率　　　　　　　　　　(b) 平均反射系数

图 3.10　不同谱峰频率下的 $\overline{\eta}$ 和 $\overline{K}_{\text{r}}$

(k_{m} 为谱峰对应的波数)

第4章 阵列波浪能装置的数值分析和试验研究

波浪能装置的阵列化布置可以节省波浪能装置的安装和维护费用,并且通过合理布置可实现装置之间的积极相互作用,提高装置的波浪能俘获效率。阵列波浪能装置水动力特性和能量输出特性也被广泛研究。本章更为一般性地分析了阵列圆柱形波能装置集成于浮式防波堤的情形,针对传统阵列波浪能装置集成于浮式防波堤的结构形式开展数值模拟研究和试验研究;着重探讨了浮式防波堤对阵列波浪能装置水动力特性和能量输出特性的影响,并探讨了关键结构参数对集成系统水动力特性和能量输出特性的影响规律;在数值模拟研究的基础之上开展了试验研究,着重探讨了防波堤和阵列波浪能装置的相互影响规律[85]。

4.1 数学模型与数值模拟结果分析

4.1.1 浮式防波堤–阵列波浪能装置集成系统的描述

垂荡型振荡浮筒式波浪能装置是一种较为常见的波浪能发电装置,已经有诸多的理论分析、数值模拟和试验研究证明该种波浪能装置具有可观的发电效率。而箱型结构物是一种常见的海工结构物,如防波堤、FPSO 等。将垂荡型振荡浮子式波浪能装置布置于箱型结构物一侧,箱型结构物可为波浪能装置提供支撑,波浪能装置的发电功能可为附近工程提供能源支持,这样可实现海工结构的多功能化。本章就浮式防波堤–阵列波浪能装置集成系统的水动力学特性和能量输出特性开展研究,集成系统如图4.1 所示,位于防波堤迎浪侧的阵列圆柱形波浪能装置呈"一"字形排列,在波浪的作用下波浪能装置做垂荡运动,进而驱动 PTO 系统做功。

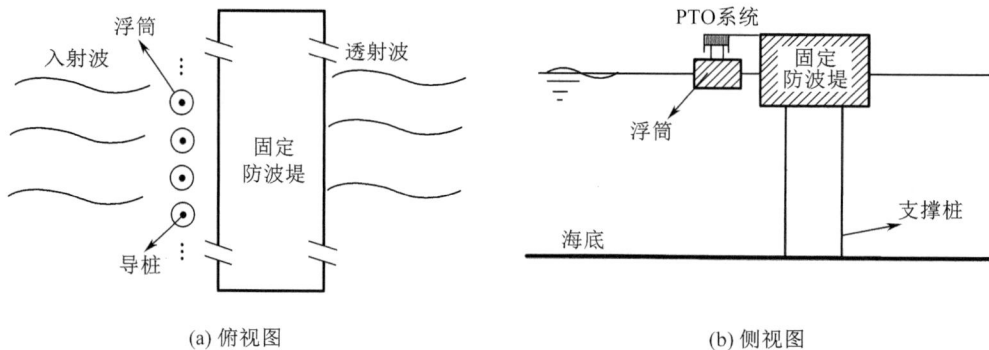

(a) 俯视图　　　　　　　　　　　(b) 侧视图

图 4.1　浮式防波堤–阵列波浪能装置集成系统示意图

4.1.2 数学模型的建立

本节研究的结构形式属于多浮体系统,为获得各个结构的水动力参数(附加质量、辐射阻尼和波浪激振力),这里基于线性势流理论采用高阶边界元方法进行边值问题求解,主要介绍控制方程和边界条件,以及边界积分方程的建立和求解。

1. 控制方程和边界条件

多浮体系统的计算域和坐标系如图 4.2 所示,坐标系 $oxyz$ 为空间整体坐标系,坐标系 $o_1x_1y_1z_1$、$o_2x_2y_2z_2$ 和 $o_nx_ny_nz_n$ 分别为浮体 body1、body2 和 body$n$ 的局部坐标系,所有坐标系原点均位于静水面上,S_f 为自由水面,S_b 为浮体表面,且 $S_b = S_{b1} + S_{b2} + \cdots + S_{bn}$,$S_d$ 为海底面,S 为计算域无穷远处。

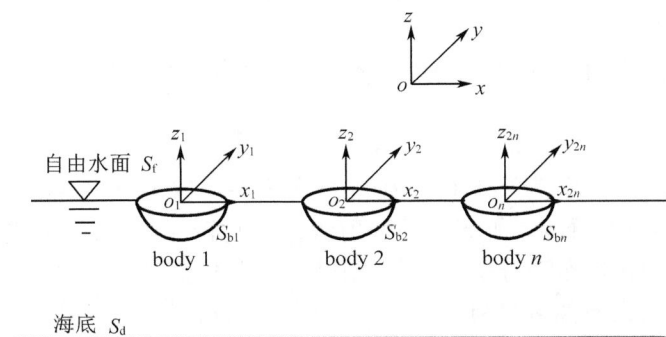

图 4.2 多浮体系统的计算域和坐标系

基于线性势流理论在频域内建立波浪与多浮体结构相互作用的数学模型,因此空间速度势 Φ 在整个流场满足 Laplace 方程:

$$\nabla^2 \Phi = 0 \tag{4.1}$$

自由水面和海底边界条件为

$$\begin{cases} \dfrac{\partial \Phi}{\partial z} = \dfrac{\omega^2}{g}\Phi & \text{自由水面} \\[3mm] \dfrac{\partial \Phi}{\partial z} = 0 & \text{海底} \end{cases} \tag{4.2}$$

物体表面满足不可穿透条件,物体的运动速度等于物体表面处流体质点的法向运动速度,因此物体表面的边界条件可表示为

$$\frac{\partial \Phi}{\partial \boldsymbol{n}} = -\mathrm{i}\omega \boldsymbol{\zeta} \cdot \boldsymbol{n} \tag{4.3}$$

式中 $\boldsymbol{\zeta}$——多浮体结构的垂荡运动响应幅值矢量;

$\boldsymbol{n}$——多浮体结构物表面的法向量。

无穷远处的边界条件为 $\lim\limits_{r \to \infty} \sqrt{kr}\left(\dfrac{\partial \Phi_s}{\partial r} - \mathrm{i}k\Phi_s\right) = 0$,即散射势 Φ_s 在远场满足 Sommerfeld 条件,其中 k 为波数。

根据波浪与结构作用的辐射 – 绕射理论,流场中的总速度势 Φ 可分解为入射势 Φ_I、绕

射势 Φ_D 和辐射势 Φ_R，即

$$\Phi = \Phi_I + \Phi_D + \Phi_R \tag{4.4}$$

入射势 Φ_I 表示为

$$\Phi_I = \frac{-igA}{\omega} \frac{\cosh[k(z+h)]}{\cosh(kh)} e^{ik(x\cos\beta + y\sin\beta)} \tag{4.5}$$

式中　h——水深；

　　　β——波浪入射角度。当 $\beta = 0°$ 时，入射波向与 x 轴正方向相同，波浪频率和波数满足色散方程 $\omega^2 = gk\tanh(kh)$。

对于绕射问题，浮体结构固定不动，仅存在入射势和绕射势，在浮体结构表面入射势和绕射势之和的法向导数为 0。因此，对于绕射问题的物面条件为

$$\frac{\partial \Phi_I}{\partial n} = -\frac{\partial \Phi_D}{\partial n} \tag{4.6}$$

对于辐射问题，第 j 个物体产生的辐射势 Φ_R 在六自由度上可分解为

$$\Phi_R = \sum_{j=1}^{6N} -i\omega\zeta_j \cdot \Phi_j \tag{4.7}$$

式中，Φ_j $(j = 1,2,3,\cdots,6N)$ 为第 $1 + j/6$ 个浮体在第 $j - 6(I-1)$ 个自由度上做幅值为 ζ_j 的强迫运动（其他浮体固定不动）所产生的辐射势，其中，符号 $[\ ]$ 表示取整，$I = 1,2,\cdots,N$，N 为浮体的个数。六自由度运动分别为纵荡、横荡、垂荡、横摇、纵摇和艏摇。因此，针对多浮体系统辐射问题的物面条件可写为

$$\frac{\partial \Phi_j}{\partial n} = \begin{cases} [\boldsymbol{n}^1, 0, \cdots, 0]^T & j = 1,2,\cdots,6 \\ [0, \boldsymbol{n}^2, \cdots, 0]^T & j = 6,7,\cdots,12 \\ \qquad\qquad \cdots \\ [0, 0, \cdots, \boldsymbol{n}^I]^T & j = 1 + 6(I-1), 2 + 6(I-1), \cdots, 6 + 6(I-1) \end{cases} \tag{4.8}$$

在浮体 I 上，广义法向量 $\boldsymbol{n}$ 可表示为

$$\begin{aligned} [n_{6(I-1)+1}, n_{6(I-1)+2}, n_{6(I-1)+3}] &= \boldsymbol{n} \\ [n_{6(I-1)+4}, n_{6(I-1)+5}, n_{6(I-1)+6}] &= (\boldsymbol{x} - \boldsymbol{x}_0) \times \boldsymbol{n} \end{aligned} \tag{4.9}$$

2. 边界积分方程的建立和求解

为求解方便，应用自由表面格林函数构建边界积分方程，仅在物面划分网格即可实现速度势的求解，大大减少了计算量。将速度势和自由表面格林函数应用第二格林公式可得到关于物面的边界积分方程：

$$\alpha\Phi(\boldsymbol{x}_0) - \iint_{S_b} \frac{\partial G(\boldsymbol{x}, \boldsymbol{x}_0)}{\partial n} \Phi(\boldsymbol{x}) \, dS = -\iint_{S_b} \frac{\partial \Phi(\boldsymbol{x})}{\partial n} G(\boldsymbol{x}, \boldsymbol{x}_0) \, dS \tag{4.10}$$

式中，G 为格林函数：

$$G = -\frac{1}{4\pi}\left(\frac{1}{r} + \frac{1}{r_1}\right) + \frac{1}{4\pi}\int_0^\infty \frac{2(v+\mu)e^{-\mu h}\cosh[\mu(z+h)]\cosh[\mu(z_0+h)]}{v\cosh(\mu h) - \mu\sinh(\mu h)} J_0(\mu R) \, d\mu \tag{4.11}$$

其中　$r = \sqrt{(x-x_0)^2 + (y-y_0)^2 + (z-z_0)^2}$；

　　　$r_1 = \sqrt{(x-x_0)^2 + (y-y_0)^2 + (z+z_0+2h)^2}$；

$v = \omega^2/g$；

R——场点和源点的水平距离。

式(4.10)中 α 为固角系数,其取值为

$$
\alpha = \begin{cases} 1 & x_0 \text{ 在 } \Omega \text{ 里} \\ 0 & x_0 \text{ 在 } \Omega \text{ 外} \\ 1 - \dfrac{\Theta}{4\pi} & x_0 \text{ 在 } S \text{ 上} \end{cases} \tag{4.12}
$$

式中　Ω——物面所占的空间角度;

　　　Θ——固角,即浮体结构表面所占的空间角度。

选用等参元离散的方法将浮体湿表面进行离散,通过数学变换将每个单元变换成局部参数坐标(ξ,η)下的等参元,任一点的速度势可以通过形状函数 $h^k(\xi,\eta)$ 和节点势 Φ^k 表示为

$$
\Phi(\xi,\eta) = \sum_{k=1}^{K} h^k(\xi,\eta)\Phi^k \tag{4.13}
$$

式中,K 为单元的总节点数,对于四边形单元,K 取 8,对于三角形单元,K 取 6。

整体坐标系下的微面积在等参坐标系下可表示为

$$
\mathrm{d}s = |J(\xi,\eta)|\mathrm{d}\xi\mathrm{d}\eta \tag{4.14}
$$

式中,$|J(\xi,\eta)|$ 为雅克比行列式。积分方程(4.10)可以离散为

$$
\alpha\Phi_j(x_0) - \sum_{i=1}^{N}\int_{-1}^{1}\int_{-1}^{1}\sum_{w=1}^{W} h^w(\xi,\eta)\Phi^w \frac{\partial G(x,x_0)}{\partial n}|J(\xi,\eta)|\mathrm{d}\xi\mathrm{d}\eta
$$

$$
= \begin{cases} -\displaystyle\sum_{n=1}^{N}\int_{-1}^{1}\int_{-1}^{1}\frac{\partial\Phi_j}{\partial n}G(x,x_0)|J(\xi,\eta)|\mathrm{d}\xi\mathrm{d}\eta & j = 1+6(I-1),2+6(I-1),\cdots,6+6(I-1) \\ -\displaystyle\sum_{n=1}^{N}\int_{-1}^{1}\int_{-1}^{1}G(x,x_0)\frac{\partial\Phi(x_0)}{\partial n}|J(\xi,\eta)|\mathrm{d}\xi\mathrm{d}\eta & j = 6N+1 \end{cases}
$$

$$
\tag{4.15}
$$

将源点 x_0 分别取在各个节点上,可得到形如 $[A]\{\varphi\} = \{B\}$ 的线性方程组,最后通过高斯消去方法对离散后的积分方程(4.15)进行求解,进而得到绕射势及浮体做单位幅值运动所产生的辐射势,详细计算过程参见文献[86]。通过以下公式得到波浪激振力 $F_{I,j}$、浮体结构附加质量 μ_{ij}^I 和辐射阻尼 λ_{ij}^I：

$$
F_{I,j} = \mathrm{i}\rho\omega\iint_{S_{bI}}(\Phi_I + \Phi_D)n_j\mathrm{d}s \tag{4.16}
$$

$$
\mu_{ij}^I = \mathrm{Re}\left(\rho\iint_{S_{bI}}\Phi_j n_i\mathrm{d}s\right) \tag{4.17}
$$

$$
\lambda_{ij}^I = \frac{1}{\omega}\mathrm{Re}\left(\rho\iint_{S_{bI}}\Phi_j n_i\mathrm{d}s\right) \tag{4.18}
$$

式中　$i,j = 1,2,\cdots,6I$；

$F_{I,j}$——第 I 个结构上所受的第 j 个自由度的波浪激振力;

μ_{ij}^{l} 和 λ_{ij}^{l}——由第 n 个结构做第 $j-6(n-1)$ 个自由度运动引起的第 m 个结构在第 $i-6(m-1)$ 个自由度的附加质量和辐射阻尼,且 $m=1+\dfrac{i}{6}$,$n=1+\dfrac{j}{6}$。

3. 运动方程的建立

对于本章所研究的集成系统,防波堤考虑为固定形式,且波浪能装置仅做垂荡运动。因此在构建运动方程时,各个矩阵的元素仅包含波浪能装置在垂荡模态上的物理量,不包含防波堤对应的物理量。频域内的运动方程可写为下述形式:

$$\left\{-\omega^2\left(\begin{bmatrix} M_1 & & \\ & \ddots & \\ & & M_n \end{bmatrix}+\begin{bmatrix} \mu_1^1 & \cdots & \mu_1^n \\ \vdots & \ddots & \vdots \\ \mu_n^1 & \cdots & \mu_n^n \end{bmatrix}\right)-\mathrm{i}\omega\left(\begin{bmatrix} \lambda_1^1 & \cdots & \lambda_1^n \\ \vdots & \ddots & \vdots \\ \lambda_n^1 & \cdots & \lambda_n^n \end{bmatrix}+\begin{bmatrix} \lambda_{\mathrm{PTO},1} & & \\ & \ddots & \\ & & \lambda_{\mathrm{PTO},n} \end{bmatrix}\right)+\right.$$
$$\left.\begin{bmatrix} K_1 & & \\ & \ddots & \\ & & K_n \end{bmatrix}\right\}\begin{pmatrix} A_{\mathrm{R},1} \\ \vdots \\ A_{\mathrm{R},n} \end{pmatrix}=\begin{pmatrix} F_{\mathrm{z},1} \\ \vdots \\ F_{\mathrm{z},n} \end{pmatrix} \tag{4.19}$$

式中 M_n 和 K_n——第 n 个物体对应的质量和垂向刚度;

μ_i^j 和 λ_i^j——由第 i 个物体垂荡运动引起的第 j 个物体的垂荡附加质量和垂荡辐射阻尼($i,j=1,2,\cdots,N$,N 为波浪能装置的数目),μ_i^j 和 λ_i^j 对应于式(4.17)和式(4.18)中的 $a_{6(i-1)+3,6(j-1)+3}$ 和 $b_{6(i-1)+3,6(j-1)+3}$;

$\lambda_{\mathrm{PTO},n}$——作用在第 n 个物体上的 PTO 阻尼;

$A_{\mathrm{R},n}$ 和 $F_{\mathrm{z},n}$——第 n 个物体的垂荡运动响应幅值和波浪激振力。

在频率为 ω 的波浪作用下,第 n 个波浪能装置输出的功率 $P_n(\omega)$ 为

$$P_n(\omega)=\frac{1}{2}\omega^2\lambda_{\mathrm{PTO},n}\,|A_{\mathrm{R},n}|^2 \tag{4.20}$$

因此,该阵列波浪能装置的总输出功率为

$$P_{\mathrm{total}}(\omega)=\sum_{n=1}^{N}P_n(\omega) \tag{4.21}$$

为衡量该阵列波浪能装置中装置之间的水动力相互作用对阵列装置的影响,引入平均相互作用因子(mean interaction factor) q_{mean},其表达式为

$$q_{\mathrm{mean}}(\omega)=\frac{P_{\mathrm{total}}(\omega)}{NP_{\mathrm{isolated}}(\omega)} \tag{4.22}$$

式中,$P_{\mathrm{isolated}}(\omega)$ 为开敞水域中单个装置在频率 ω 处的最优输出功率。

开敞水域中单个波浪能装置的最优输出功率对应的最优阻尼的表达式为

$$\lambda_{\mathrm{PTO,iso}}=\sqrt{[K/\omega-\omega(M+\mu)]^2+\lambda^2} \tag{4.23}$$

式中,K、M、μ 和 λ 分别为装置的垂荡静水恢复刚度、质量、开敞水域下单个装置在频率 ω 处的附加质量和辐射阻尼。$q_{\mathrm{mean}}\geqslant 1$ 表明装置之间的相互作用为积极相互作用(negative interaction);$q_{\mathrm{mean}}<1$ 表明装置之间的相互作用为消极相互作用(destructive interaction)。

为衡量阵列波浪能装置中装置之间相互作用对每个装置能量输出的影响,引入单个相互作用因子(individual interaction factor)$q_{\text{ind},n}(\omega)$,其表达式为

$$q_{\text{ind},n}(\omega) = \frac{P_n(\omega)}{P_{\text{isolated}}(\omega)} \tag{4.24}$$

4.1.3　数学模型的验证

为验证数学模型的正确性,就阵列波浪能装置平均相互作用因子 q_{mean} 与已发表的结果进行对比。文献[87]中的阵列波浪能装置包括 5 个垂荡型半球装置,装置均为等距布置,装置的半径为 a,相邻装置的间距为 $4a$,水深为 $7a$,其布置形式如图 4.3 所示。文献[87]中采用 WAMIT 计算装置的水动力系数。本次计算中,经过网格收敛性分析确定每个半球上的网格数为 150。在本次计算中,PTO 系统的质量项取浮体的质量,其 PTO 阻尼为开敞水域下孤立装置的最优 PTO 阻尼。

图 4.4 为本章的计算结果与文献[87]结果的对比图,可以看出二者吻合得非常好,证明了本章建立的数学模型的正确性。

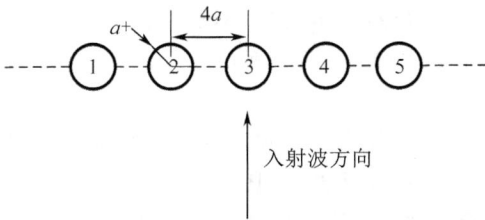

图 4.3　文献[87]中阵列波浪能装置布置形式

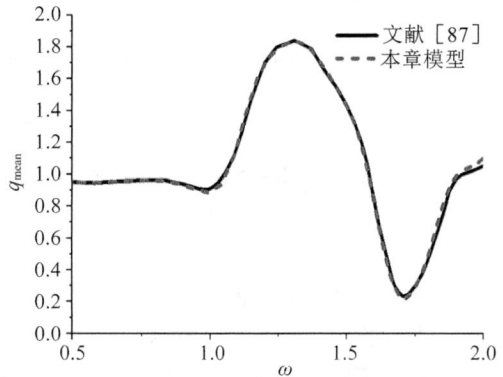

图 4.4　平均相互作用因子的计算结果
与文献[87]结果的对比

4.1.4　数值模拟结果分析

本章所研究的集成系统的结构形式如图 4.5 所示,系统中每个装置的形状均相同且等间距布置,每个装置的半径和吃水分别为 a 和 d,相邻波浪能装置之间的间距为 s_1,防波堤前壁与阵列波浪能装置轴线的距离为 s_2。防波堤的长度为 D、宽度为 B、吃水为 T。根据文献[87]中的定义:对于波浪能发电厂,当波浪能装置的数量 $n < 10$ 时,称为小型波浪能发电厂;当 $10 \leqslant n \leqslant 30$ 时,称为中型波浪能发电厂;当 $n > 30$ 时,称为大型波浪能发电厂(n 为波浪能装置的个数)。这里考虑中型波浪能发电厂集成于防波堤的结构形式,取 $n = 11$。

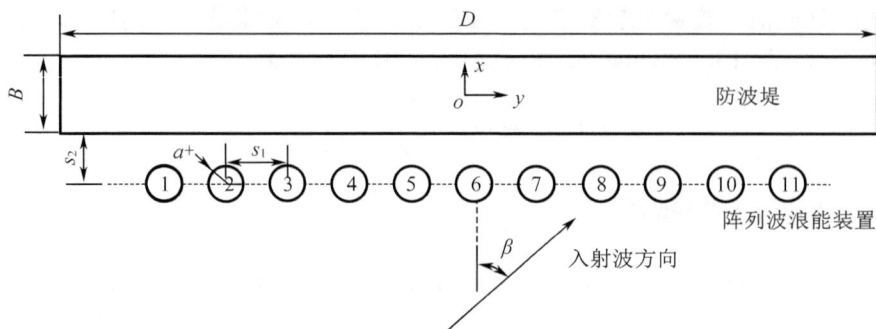

(a) 俯视图

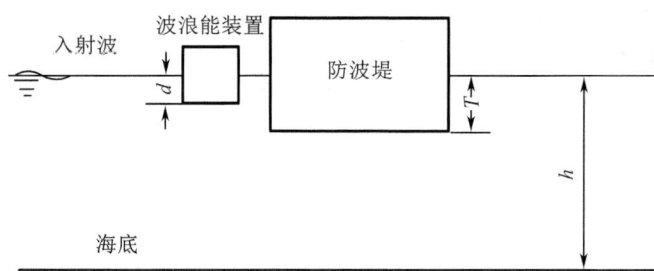

(b) 侧视图

图 4.5　浮式防波堤－阵列波浪能装置集成系统的结构示意图
（注:波浪能装置的编号为 $1^{\#} \sim 11^{\#}$,波浪能装置仅做垂荡运动。）

　　为对比集成于浮式防波堤的阵列波浪能装置和传统阵列波浪能装置(即不带有防波堤的波浪能装置)的水动力特性和能量输出特性,本节对传统阵列波浪能装置进行相关计算,并探讨了以下结构参数对浮式防波堤－波浪能装置集成系统的影响:防波堤与波浪能装置间的间距 s_2、相邻波浪能装置的间距 s_1、波浪入射角度 β、防波堤的尺寸和 PTO 阻尼 $\lambda_{\mathrm{PTO}, n}$。在本节的研究中,波浪能装置的吃水 $d = 2$ m,半径 $a = 1.35$ m,水深 $h = 10$ m。本节在计算中,通过网格收敛性分析确定了每个圆柱形浮筒的网格数为 84,防波堤的网格数为 700,计算模型的三维网格剖分图如图 4.6 所示。

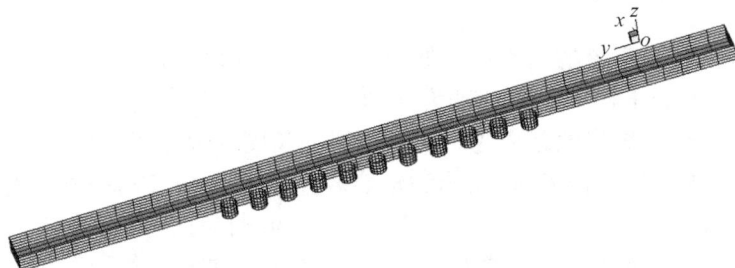

图 4.6　计算模型的三维网格剖分图

1. 防波堤与波浪能装置间距的影响

除了研究 PTO 阻尼的影响,本节运动方程中 PTO 阻尼阵 $\boldsymbol{\lambda}_{\text{PTO}}$ 的对角线元素选为各孤立装置在开敞水域中的最优 PTO 阻尼,由于各个装置的形状相同,因此 PTO 阻尼阵的各个对角线元素也相等。

本节首先分析了集成于防波堤的阵列波浪能装置与传统波浪能装置水动力学特性的差异,着重对波浪能装置的波浪激振力、附加质量和辐射阻尼进行了分析。对于附加质量和辐射阻尼,重点分析了附加质量矩阵和辐射阻尼矩阵中的对角线元素。由于装置在波浪的作用下做垂荡运动,因此分析时仅关注垂荡自由度的水动力系数。防波堤的相对吃水、相对长度和相对宽度分别为 $T/h = 0.25$、$D/h = 12$ 和 $B/h = 0.6$,波浪能装置间的相对间距 $s_1/h = 0.5$,防波堤与波浪能装置之间的相对间距 $s_2/h = 0.2$。

当波浪入射角度 $\beta = 0°$ 时,由于波浪能装置对称排列,因此这里仅给出了 1# ~ 6# 装置对应的结果。图 4.7 所示为集成于防波堤的和传统波浪能装置的无量纲垂荡附加质量 $[\mu_n^n/(\rho\pi a^2 d)]$、辐射阻尼 $[\lambda_n^n/(\rho\omega\pi a^2 d)]$ 和波浪激振力 $[F_z/(\rho\pi g A a^2)]$ 随无量纲波数的变化趋势图。通过图 4.7(a) 和(b) 可以看出,在低频区域($0 < kh \leqslant 1.5$),集成于防波堤的波浪能装置对应的附加质量与传统波浪能装置对应的附加质量差别不大;在高频区域($1.5 < kh \leqslant 6$),前者的附加质量要高于后者。而对于辐射阻尼[图 4.7(c) 和(d)],当 $0 < kh \leqslant 5$ 时,集成于防波堤的波浪能装置对应的辐射阻尼大于传统波浪能装置;在 $5 < kh \leqslant 6$ 时,后者的辐射阻尼小于前者。

通过图 4.7(e) 和(f) 可以看出,随着波数的增加,传统防波堤的波浪能装置对应的波浪激振力呈减小趋势;而集成于防波堤的波浪能装置的波浪激振力呈先增加后减小趋势。当 $0 < kh \leqslant 5$ 时,前者的波浪激振力大于后者,这是导致集成于防波堤的波浪能装置的波浪能俘获效率明显大于传统波浪能装置的主要原因。

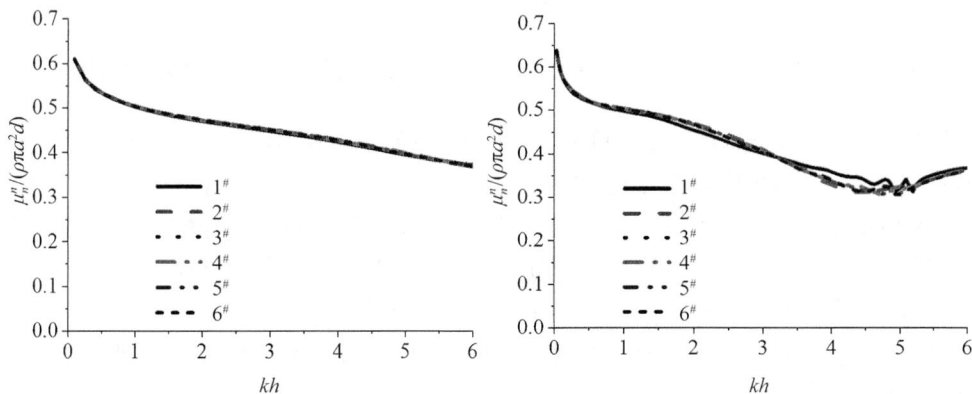

(a) 集成于防波堤的波浪能装置的附加质量　　　(b)传统波浪能装置的附加质量

(c) 集成于防波堤的波浪能装置的辐射阻尼

(d)传统波浪能装置的辐射阻尼

(e) 集成于防波堤的波浪能装置的波浪激振力

(f)传统波浪能装置的波浪激振力

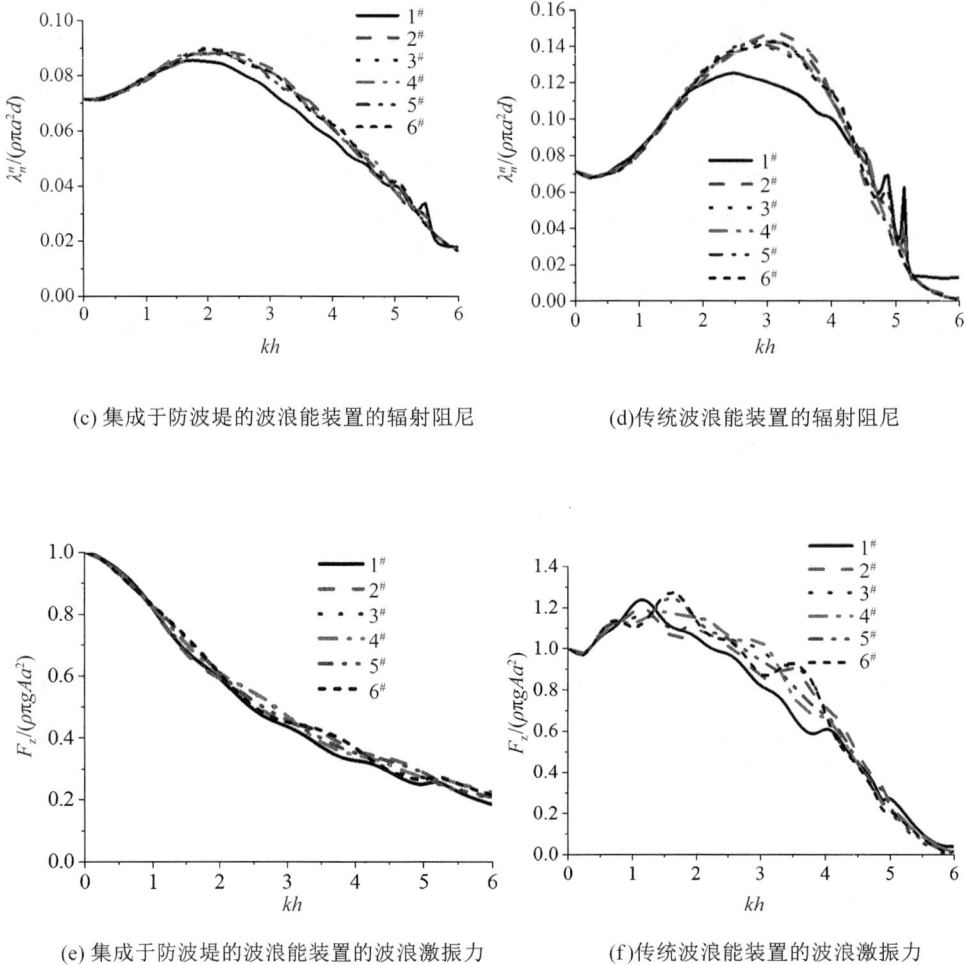

图 4.7　无量纲垂荡附加质量、辐射阻尼和波浪激振力随无量纲波数的变化趋势图

为探讨防波堤与波浪能装置的间距 s_2 对集成系统能量输出特性的影响,研究过程中就不同 s_2 对应集成系统的平均相互作用因子进行了计算并分析,其中 s_2/h 取 0.20,0.25,0.30,0.35 和 0.40。图 4.8 所示为不同防波堤与波浪能相对间距对应的平均相互作用因子 q_{mean} 的计算结果。由图可知,对于集成于防波堤的阵列波浪能装置,在高频处出现 $q_{mean}=0$ 的现象,并且随着 s_2 的减小,$q_{mean}=0$ 对应的频率趋于低频。$q_{mean}=0$ 的频率对应于 Bragg 共振的频率,该频率处的水动力特征主要表现为迎浪侧波浪能装置的波浪激振力较小,并伴有强反射现象。

由集成于防波堤的阵列波浪能装置与传统阵列波浪能装置的对比可以看出,通过合理地选择波浪能装置与防波堤之间的间距可使集成于防波堤的波浪能装置的 q_{mean} 明显大于传统阵列波浪能装置。也就是说,通过将阵列波浪能装置集成于浮式防波堤,系统的波浪能俘获效率将会大大提高。

为解释图 4.8 中高频处 $q_{mean}=0$ 的现象,对波浪能装置的波浪激振力进行分析。由图

4.7 可知,阵列波浪能装置中的每个装置的波浪激振力差别不大,为方便处理,这里仅对中间位置处的波浪能装置的波浪激振力进行分析(图 4.9)。分析发现,不同防波堤与波浪能装置的间距 s_2 对应的波浪激振力在高频处均出现 $F_z/(\rho\pi gAa^2)=0$ 的现象,$F_z/(\rho\pi gAa^2)=0$ 的频率点与图 4.8 中 $q_{mean}=0$ 的频率点相对应,随着 s_2 的减小 $F_z/(\rho\pi gAa^2)=0$ 的频率点对应频率趋于低频区域。

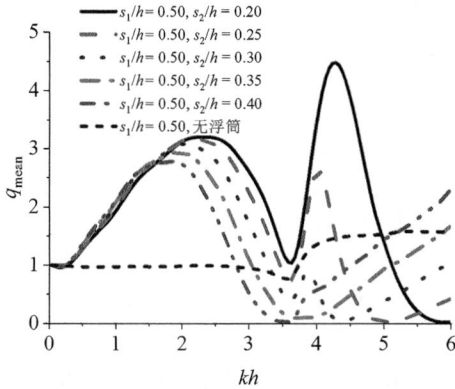

图 4.8　不同防波堤与波浪能装置相对间距对应的平均相互作用因子

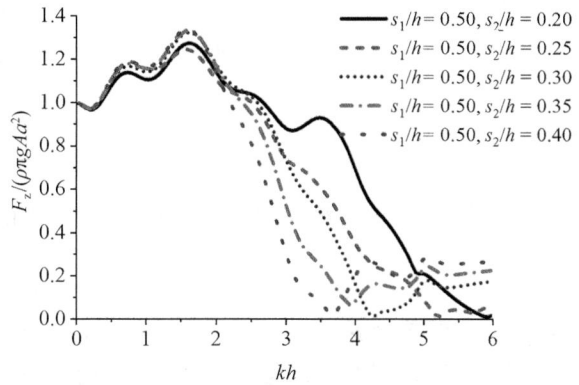

图 4.9　中间位置处装置的垂荡波浪激振力

2. 波浪能装置间距的影响

这部分主要研究了相邻波浪能装置的间距对 q_{mean} 的影响。选取 $s_1/h=0.3,0.5,0.7$ 和 0.9,防波堤与波浪能装置的间距 $s_2/h=0.20$。为了对比集成于防波堤和传统阵列波浪能装置的 q_{mean},这部分计算了 $s_1/h=0.3,0.5,0.7$ 和 0.9 对应的传统阵列波浪能装置的 q_{mean}。

通过图 4.10 可以看出,对于集成于防波堤的阵列波浪能装置来说,不同的 s_1/h 对应 q_{mean} 的变化趋势类似,均出现两个峰值和一个谷值。s_1/h 对集成于防波堤的阵列波浪能装置 q_{mean} 的影响主要体现在较大的 s_1/h 对应的 $q_{mean}\geqslant1$ 的频宽较大,且 q_{mean} 的峰值也较大。通过对两种波浪能装置的 q_{mean} 对比发现,对于不同的 s_1/h,在较宽的频率范围($0<kh\leqslant5$)内集成于防波堤的波浪能装置的 q_{mean} 均大于传统阵列波浪能装置的 q_{mean},这意味着防波堤能够显著提高阵列波浪能装置的波浪能俘获效率。

3. 入射波角度的影响

这里主要考虑波浪入射角度 β 对集成于防波堤的阵列波浪能装置能量输出特性的影响,集成于防波堤的阵列波浪能装置的参数为 $s_1/h=0.5$ 和 $s_2/h=0.2$。为了直观观察 PTO 阻尼对波浪能装置能量输出特性的影响,图 4.11 给出了不同入射角度对应的集成于防波堤的波浪能装置和传统波浪能装置的相互作用因子 q_{mean} 的计算结果($kh=1,2,3$ 和 4)。从图 4.11 可以看出,波浪入射角度对阵列波浪能装置的能量输出特性具有明显的影响。在正向波($\beta=0°$)的作用下,集成系统具有较大的 q_{mean},即具有较优的能量输出特性,这意味着该防波堤－阵列波浪能装置集成系统宜布置于正向波或者较小入射角度的波况。

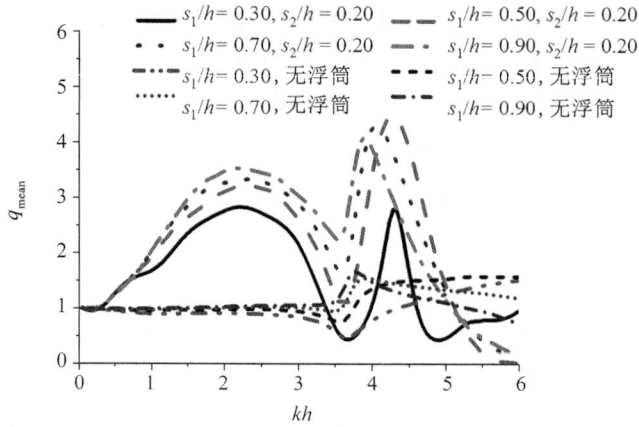

图 4.10 不同波浪能装置间距对应的平均相互作用因子计算结果

为考察频率 $(0 < kh \leqslant 6)$ 不同波浪入射角度对应的集成系统的能量输出特性,这里针对四种波浪入射角度 $\beta = 0°, 30°, 60°$ 和 $90°$ 开展数值计算。通过比较不同入射角度的集成于防波堤和传统阵列波浪能装置的平均相互作用因子 (图 4.12) 可以看出,当 $\beta = 0°, 30°, 60°$ 时, $kh \leqslant 5$ 时集成于防波堤的阵列波浪能装置的 q_{mean} 明显高于传统阵列波浪能装置,这意味着将阵列波浪能装置集成于防波堤,可以在较宽的频率区间内明显提升阵列波浪能装置的波浪能俘获效率; $kh > 5$ 时,集成于防波堤的阵列波浪能装置的 q_{mean} 低于传统阵列波浪能装置。当 $\beta = 90°, 0 < kh \leqslant 6$ 时集成于防波堤的阵列波浪能装置的 q_{mean} 低于传统阵列波浪能装置。

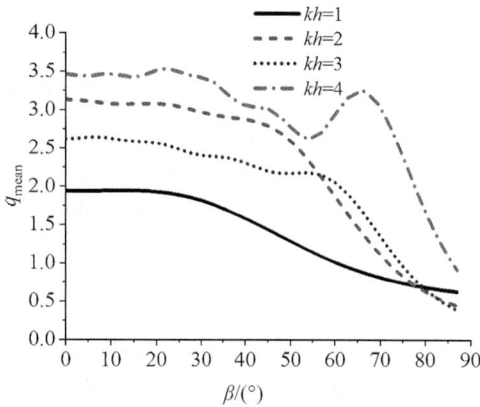

图 4.11 集成于防波堤的阵列波浪能装置的平均相互作用因子随入射波角度 β 的变化趋势

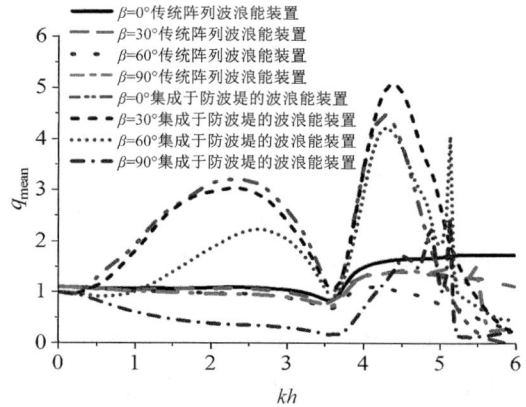

图 4.12 不同入射角度的集成于防波堤和传统阵列波浪能装置的平均相互作用因子计算结果

当波浪入射角度较大时, q_{mean} 的变化曲线在高频处出现"尖峰",并且在随后的波浪激振力中也有类似现象,这是由于求解复杂结构的波浪激振力问题常常在高频区域出现振荡现象。

为探讨阵列波浪能装置中各个装置的能量输出特性,图 4.13 给出了 $\beta = 0°,30°,60°$ 和 90°对应的集成于防波堤的阵列波浪能装置的单个相互作用因子 q_{ind} 的计算结果图,由图可知单个相互作用因子 q_{ind} 的变化趋势与平均相互作用因子 q_{mean} 的变化趋势大致相符。当 $\beta = 60°$ 和 90°,背浪侧波浪能装置的 q_{ind} 在高频处存在一个"尖峰",这个"尖峰"对应于图 4.14(b)中波浪激振力结果中的"尖峰"。此外,通过对比图 4.14 与图 4.7(e)和 4.7(f),可以看出,当 $\beta = 0°$ 和 30°时波浪能装置所受的波浪激振力与 $\beta = 60°$ 和 90°所受的波浪激振力明显不同,主要体现为对于 $\beta = 60°$ 和 90°的工况,随着 kh 的增加,波浪激振力呈减小趋势,并在高频处出现"尖峰"。在"尖峰"位置附近,在背浪侧波浪能装置的波浪激振力明显大于其他装置。作为对比,当 $\beta = 0°$ 和 30°时,波浪激振力呈先减小后增加趋势,并在高频处并无"尖峰"出现。

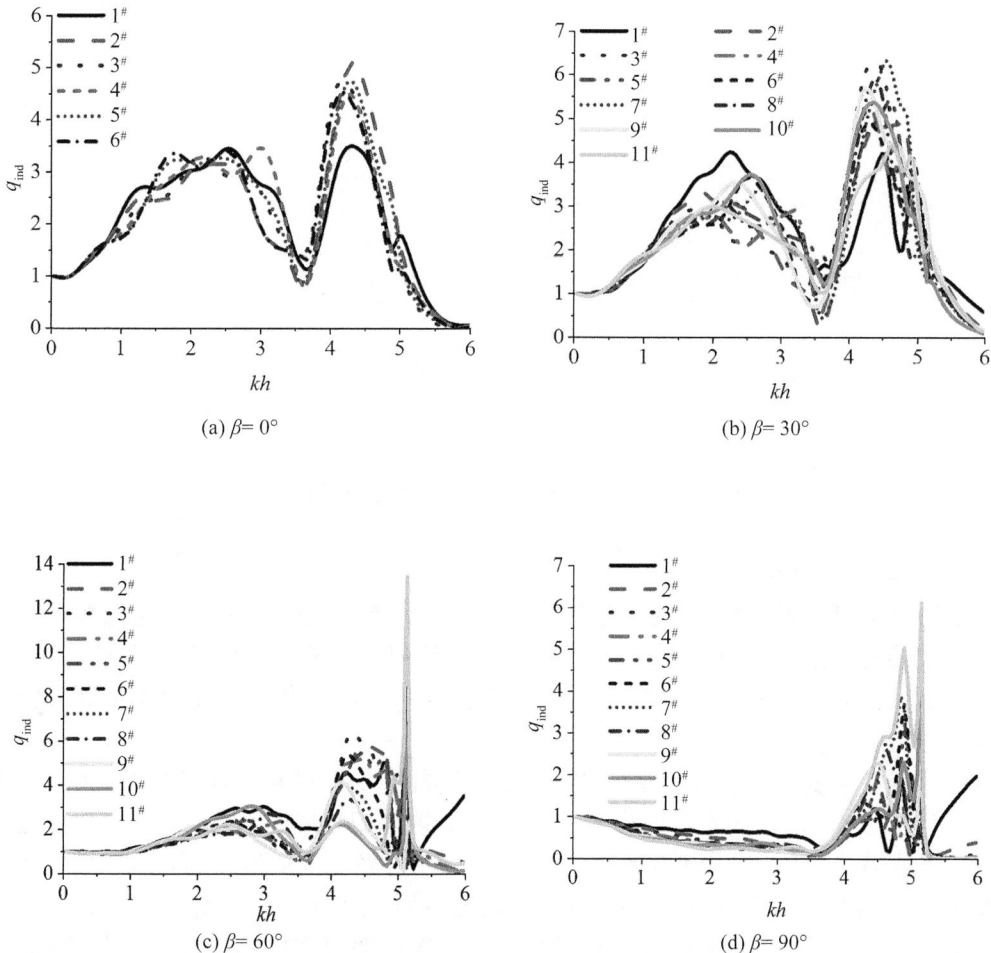

(a) $\beta= 0°$ 　　　　　　　　　　(b) $\beta= 30°$

(c) $\beta= 60°$ 　　　　　　　　　　(d) $\beta= 90°$

图 4.13　不同波浪入射角度对应的集成于防波堤的
阵列波浪能装置的单个相互作用因子的计算结果

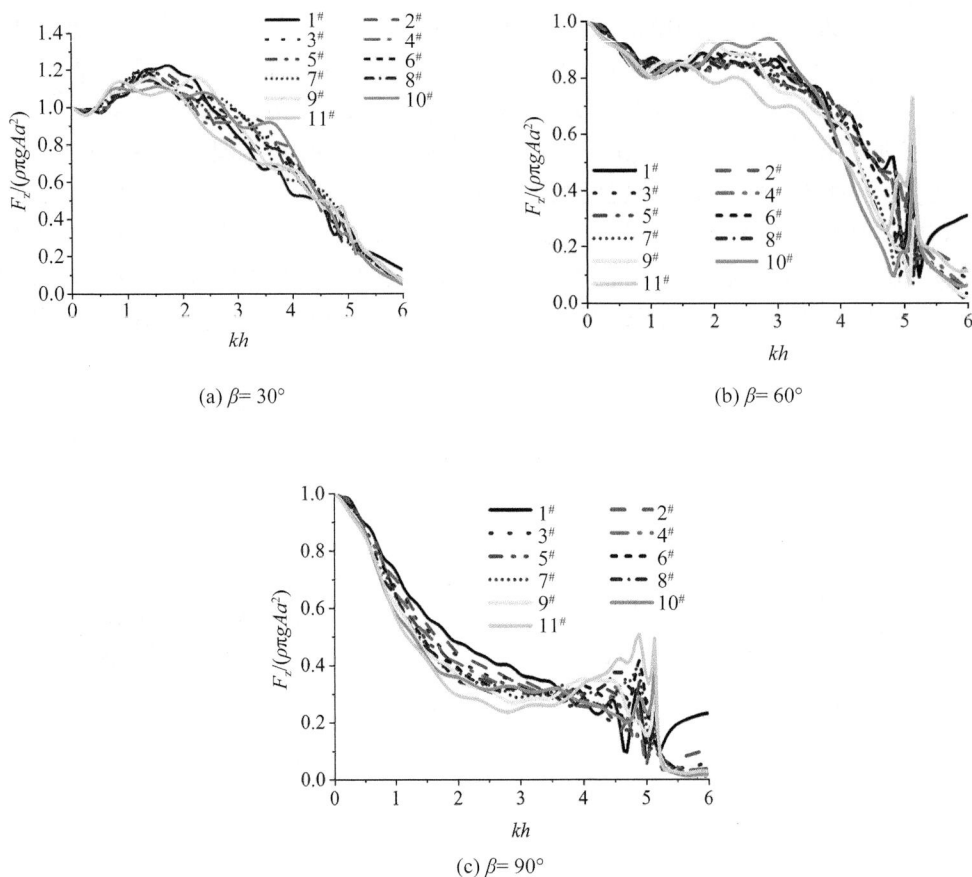

(a) $\beta = 30°$

(b) $\beta = 60°$

(c) $\beta = 90°$

图 4.14　$\beta = 30°$、$60°$ 和 $90°$ 时对应的无量纲波浪激振力

4. 防波堤尺寸的影响

由于防波堤对入射浪的反射作用,集成于防波堤的阵列波浪能装置的 q_{mean} 要明显大于传统阵列波浪能装置。对于箱型固定式防波堤,防波堤的尺寸(吃水、宽度和长度)决定着其反射系数。因此有必要研究防波堤的尺寸对迎浪侧阵列波浪能装置的能量输出特性的影响。

这里采用控制变量法进行研究,依次研究防波堤吃水、宽度和长度的影响,集成系统的结构参数详见表 4.1。不同吃水对应的 q_{mean} 计算结果如图 4.15 所示,吃水对阵列波浪能装置的 q_{mean} 的影响主要体现在:在低频区域,吃水的增加导致 q_{mean} 的增大;高频区域,吃水的增加导致 q_{mean} 的减小。图 4.16 所示为不同防波堤宽度对应的 q_{mean} 的计算结果。在低频区域 $(0.5 < kh \leqslant 2.6)$,防波堤宽度对 q_{mean} 的影响主要体现在随着宽度的增加 q_{mean} 呈增加趋势;当 $kh > 2.6$ 时,防波堤宽度对 q_{mean} 影响较小。由图 4.17 可知,防波堤长度对阵列波浪能装置的 q_{mean} 影响较小,原因是防波堤在垂直入射波方向上的尺寸对三维防波堤的反射系数的影响较小。

表4.1 集成系统的结构参数

序号	s_1/h	s_2/h	B/h	D/h	T/h
1	0.5	0.5	0.6	12	0.15,0.20,0.25,0.30,0.35,0.40
2	0.5	0.5	0.4,0.6,0.8,1.0	12	0.25
3	0.5	0.5	0.6	12,16,20,24	0.25

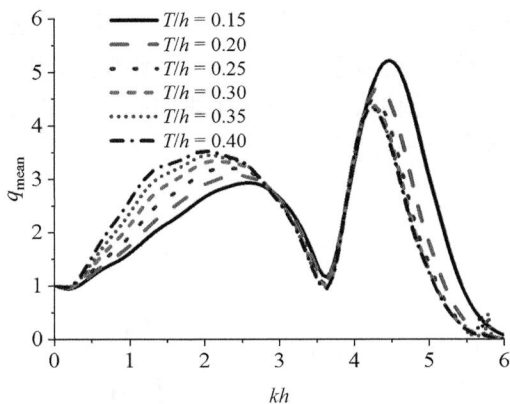

图4.15 不同防波堤吃水对应的 q_{mean} 的计算结果　　4.16 不同防波堤宽度对应的 q_{mean} 的计算结果

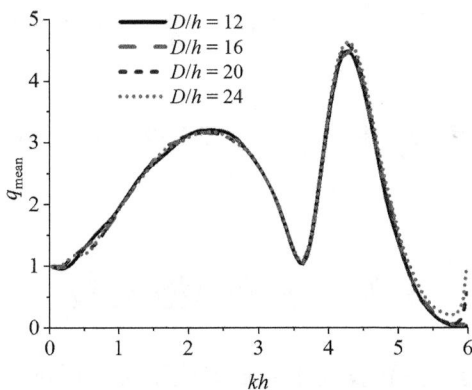

图4.17 不同防波堤长度对应的 q_{mean} 的计算结果

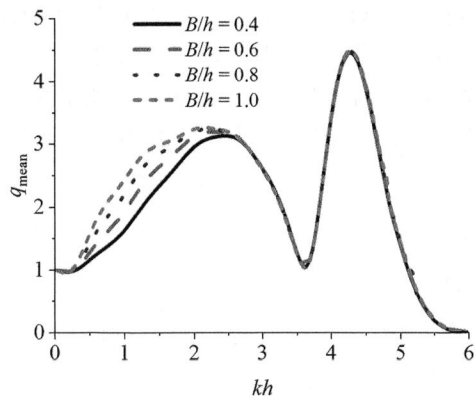

5. PTO 阻尼的影响

在前面的研究中,PTO 阻尼矩阵的对角线元素选取为开敞水域中单个装置的最优 PTO 阻尼。这里主要探究了 PTO 阻尼的变化对阵列波浪能装置平均相互作用因子的影响,为直观观察平均相互作用因子随 PTO 阻尼的变化趋势,就 $kh=1,2,3$ 和 4 的工况开展了数值模拟,其中相邻波浪能装置的间距与防波堤和波浪能装置间的相对距离分别为 $s_1/h=0.5$ 和 $s_2/h=0.2$,波浪入射角度 $\beta=0°$。

图 4.18 所示为 $kh=1,2,3$ 和 4 时集成系统的平均相互作用因子 q_{mean} 随 PTO 阻尼的变化趋势。从图 4.18 中可以看出，PTO 阻尼对集成系统波浪能转换效率影响较大，主要体现为随着 PTO 阻尼增加，q_{mean} 呈上抛物线变化趋势，即在特定的 PTO 阻尼处 q_{mean} 达到峰值，当 PTO 阻尼趋于 0 或者趋于无穷大时，q_{mean} 也趋于 0。

为考察 $0<kh<6$ 的 PTO 阻尼对 q_{mean} 的影响规律，这里分别取 $C=0.5,1.0,1.5,2$ 和 2.5 来开展数值计算。图 4.19 所示为不同 PTO 阻尼对应的 q_{mean} 计算结果，在不同的频率区间 PTO 阻尼的变化对 q_{mean} 的影响趋势并不相同。在低频区域 $kh<3$，$C=1$ 对应的 q_{mean} 为最优值；在高频区域 $4<kh\leqslant5$，随着 PTO 阻尼的增加 q_{mean} 呈减小趋势，即较小的 PTO 阻尼对应的 q_{mean} 较大。当 PTO 阻尼矩阵中的对角线元素相同时，对于传统阵列波浪能装置，当 $C=1$ 时为最优输出功率，然而对于集成于防波堤的阵列波浪能装置，情况并非如此。这里仅仅给出了不同 C 值对应的 q_{mean} 的变化趋势，并未寻找出其最优值。

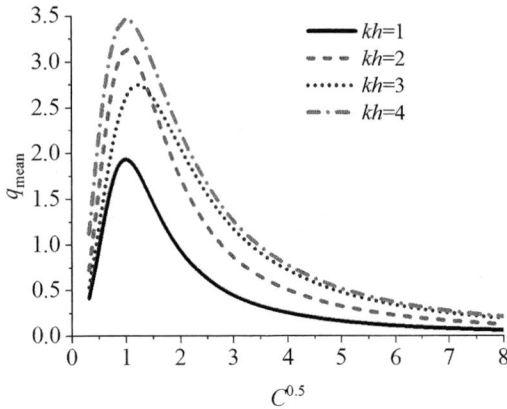

图 4.18 q_{mean} 随 PTO 阻尼的变化趋势   图 4.19 不同 PTO 阻尼对应的 q_{mean} 的计算结果

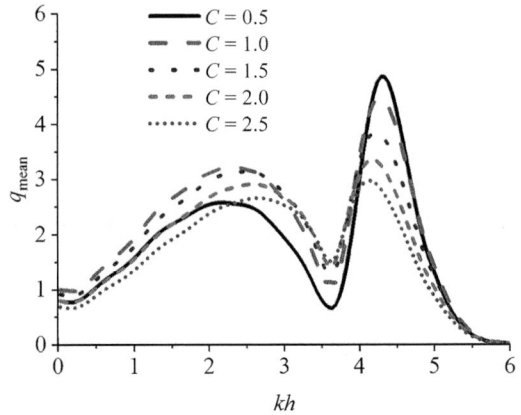

4.2　物理模型试验

本试验主要针对防波堤－阵列波浪能装置集成系统开展试验研究，并与传统波浪能装置和传统防波堤（即不带有阵列波浪能装置的防波堤）进行比较。试验采用固定浮箱作为防波堤，采用圆柱形浮体作为波浪能装置的波浪能俘获主体。透射系数是衡量防波堤功能的指标，而对于垂荡型振荡浮筒式波浪能装置，垂荡运动响应幅值算子可以衡量波浪能装置的波浪能俘获特性，因此本节试验重点关注防波堤系统的透射系数和波浪能装置的垂荡运动响应幅值算子。

4.2.1 试验介绍

1. 试验设备和数据处理

试验设备和测量仪器主要包括试验水槽、防波堤模型、圆柱形波浪能装置模型、浪高仪和位移传感器。物理模型试验在大连理工大学海岸和近海工程国家重点实验室的大波流水槽中进行,水槽尺寸为长 69 m、宽 2 m、深 1.8 m。试验比尺为 1∶13。试验模型采用有机玻璃制作,防波堤模型沿入射浪方向的宽度为 $B = 0.6$ m,高度为 $h_e = 0.5$ m,垂直入射浪方向的宽度为 $D = 1.99$ m,如图 4.20 所示,波浪能装置的编号为 $1^#\sim4^#$。试验时,防波堤固定在水槽中,在防波堤的迎浪侧共布置四个圆柱形波浪能装置,波浪能装置的半径为 0.135 m,高度为 0.55 m,试验布置如图 4.21 所示,WG 为浪高仪,编号为 $1^#$ 和 $2^#$。由于本研究中考虑的是垂荡型浮筒式波浪能装置,因此试验时采用导桩将波浪能装置的运动限制为垂荡运动,导桩的截面尺寸为 0.04 m × 0.03 m。

图 4.20 防波堤和波浪能装置的物理模型

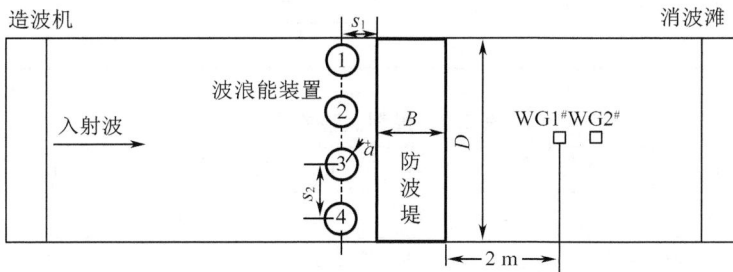

图 4.21 防波堤 – 波能装置集成系统的试验布置图

(1)波面数据的采集与处理

波高数据由浪高仪和 DJ800 型采集系统采集,并根据浪高仪的数据得到透射波高。透射系数为 $K_t = H_t/H_i$,其中,H_t 为透射波高,H_i 为入射波高。

（2）浮筒垂荡运动响应数据的采集与处理

采用拉线位移传感器测量浮筒的垂荡运动响应数据，进而得到浮筒的运动轨迹。由于本试验中波浪能装置沿水槽中轴线对称布置，因此仅测量 3# 和 4# 装置的运动响应数据。根据运动响应数据进而求得浮箱的垂荡运动响应幅值 $H_{\text{heave},n}$ 和浮筒的垂荡运动响应幅值算子 $\xi_n = H_{\text{heave},n}/A$。

2. 模型布置和试验工况

试验模型的布置如图 4.21 所示，在防波堤的背浪侧布置有两个浪高仪，即图 4.21 中的 WG1# 和 WG2#。WG1# 浪高仪距离防波堤后壁的距离为 2 m，两浪高仪之间的距离为 0.5 m。在本试验中四个浮筒（即波浪能装置）等距离布置，相邻两个浮筒之间的距离为 0.5 m，靠近水槽壁的浮筒距离水槽侧壁的距离为 0.25 m。

为确定浮筒的自振频率，试验过程中在开敞水域下针对单个浮筒开展自由衰减试验。为考虑防波堤与波浪能装置的间距 s_1 对装置水动力特性的影响，试验设置了三种间距，详见表 4.2 中的工况 1、工况 2 和工况 3。为考虑波浪能装置吃水对装置水动力特性的影响，试验设置了三种不同的吃水 d，详见表 4.2 中的工况 2、工况 4 和工况 5。为将防波堤－波浪能装置集成系统与单个防波堤和单个波能装置的水动力特性进行对比，本试验中设置针对单个波浪能装置（表 4.2 中的工况 6）和单个防波堤（表 4.2 中的工况 7）的试验工况。模型试验的波况见表 4.3。

表 4.2 试验工况的结构参数

工况	d/m	a/m	s_1/m	T/m	B/m
1	0.20	0.135	0.05	0.25	0.6
2	0.20	0.135	0.10	0.25	0.6
3	0.20	0.135	0.20	0.25	0.6
4	0.15	0.135	0.10	0.25	0.6
5	0.10	0.135	0.10	0.25	0.6
6	0.20	0.135	—	—	—
7	—	—	—	0.25	0.6

表 4.3 模型试验的波况

T/s	1.10	1.17	1.22	1.27	1.33	1.40	1.50	1.60	1.70	1.80	1.90
A/m	0.06	0.06	0.06	0.06	0.06	0.06	0.06	0.06	0.06	0.06	0.06
kh	3.334	2.954	2.726	2.526	2.318	2.112	1.874	1.684	1.528	1.402	1.306

4.2.2 试验结果分析与讨论

1. 试验结果与数值模拟结果的对比

为验证试验模型布置的可靠性，将试验结果（浮筒的垂荡运动响应幅值）与基于势流理论的数值模拟结果进行对比。由于基于势流理论的计算中没有考虑流体的黏性效应和机械摩擦引起的阻尼(外部阻尼)因此,需要开展自由衰减试验以确定浮筒的外部阻尼。

图 4.22 所示为自由衰减试验的垂荡运动响应时历曲线(浮筒的吃水为 0.2 m),基于该时历曲线,可得出浮筒的自振周期为 1.06 s(对应的自振频率为 $\omega_0 = 5.91$ rad/s)。由流体黏性效应和机械摩擦所引起的外部阻尼为 $b_{\text{ext}} = \dfrac{2\kappa\rho g S}{\omega_0} - \lambda(\omega_0)$,其中 $\lambda(\omega_0)$、ρ、g 和 S 分别为辐射阻尼、水密度、重力加速度和水线面面积。因此,可计算本试验中浮筒的无因次阻尼和外部阻尼分别为 $\kappa = 0.141$ 和 $b_{\text{ext}} = 23.4$ kg/s。

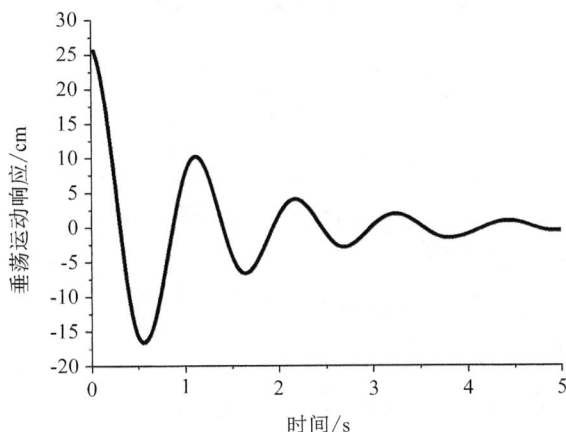

图 4.22　自由衰减试验的单个波浪能装置垂荡运动响应时历曲线

阵列结构中心位置处的水动力特性可视为水槽中结构物的水动力特性,可通过考虑阵列结构的水动力特性来近似研究水槽中结构的水动力特性,又由于远离中心的结构对中心位置处结构的影响较弱,因此其影响可以忽略,这样就可以选取有限个结构开展研究。试验选取了 18 个结构进行计算,每个结构的尺寸为吃水 0.2 m、半径 0.135 m、相邻装置间的距离 0.50 m。考虑到由于流体黏性效应和机械摩擦引起的外部阻尼 b_{ext},频域运动方程可写为

$$
\left\{ -\omega^2 \left(\begin{bmatrix} M_1 & & \\ & \ddots & \\ & & M_n \end{bmatrix} + \begin{bmatrix} \mu_1^1 & \cdots & \mu_1^n \\ \vdots & \ddots & \vdots \\ \mu_n^1 & \cdots & \mu_n^n \end{bmatrix} \right) - \mathrm{i}\omega \left(\begin{bmatrix} \lambda_1^1 & \cdots & \lambda_1^n \\ \vdots & \ddots & \vdots \\ \lambda_n^1 & \cdots & \lambda_n^n \end{bmatrix} + \begin{bmatrix} b_{\text{ext}} & & \\ & \ddots & \\ & & b_{\text{ext}} \end{bmatrix} \right. \right.
$$

$$
\left. \left. + \begin{bmatrix} \lambda_{\text{PTO},1} & & \\ & \ddots & \\ & & \lambda_{\text{PTO},n} \end{bmatrix} \right) + \begin{bmatrix} K_1 & & \\ & \ddots & \\ & & K_n \end{bmatrix} \right\} \begin{pmatrix} A_{\text{R},1} \\ \vdots \\ A_{\text{R},n} \end{pmatrix} = \begin{pmatrix} F_{\text{z},1} \\ \vdots \\ F_{\text{z},n} \end{pmatrix} \tag{4.25}
$$

数值模拟中选取图 4.23 中 R1 和 R2 装置的计算结果与试验中的 3# 和 4# 装置的试验结果进行对比。数值模拟中浮筒的尺寸选取为垂直入射波方向的长度 20 m、吃水 0.25 m、沿入射波方向的宽度 0.6 m;由黏性效应和机械摩擦引起的外部阻尼选取为 23.4 kg/s。图 4.24 所示为垂荡运动响应幅值算子的数值模拟计算结果与试验结果的对比,不难看出,两

者结果均吻合较好,数值模拟结果和试验结果能够相互验证,这也证明了试验设计的合理性和数值模拟的可靠性。

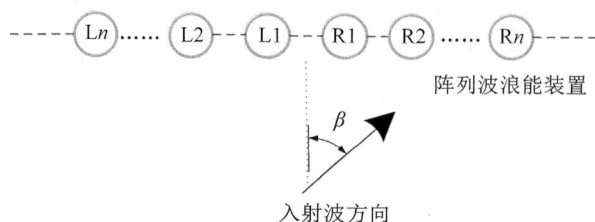

图 4.23　波浪能装置的布置图线

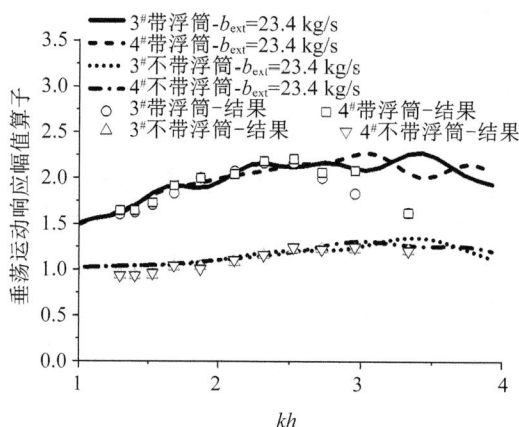

图 4.24　垂荡运动响应幅值算子的数值模拟计算结果与试验结果的对比

2. 防波堤对波浪能装置的波浪激振力的影响

波浪能装置所受的波浪激振力是研究其水动力特性的基础。这部分内容主要探讨防波堤对波浪能装置的波浪激振力的影响。图 4.25 所示为集成于防波堤的波浪能装置(3#和4#)的波浪激振力时历曲线,对应工况为 $T = 1.27$ s、$A = 0.06$ m、$d = 0.20$ m 和 $s_1 = 0.05$ m,无量纲形式的波浪激振力表示为 $F_z/(\rho g A \pi a^2)$。

由图 4.25 可知两装置对应的波浪激振力的相位相同。图 4.25 所示为波浪激振力时历曲线的幅频分析,图中二阶波浪激振力比较明显,甚至三阶和四阶波浪激振力也略有出现。由于防波堤前侧的波浪为入射波和反射波的叠加,导致波浪的非线性显著增加,进而导致高阶波浪激振力的出现。图 4.26 所示为集成于防波堤和不带防波堤的波浪能装置对应的最大波

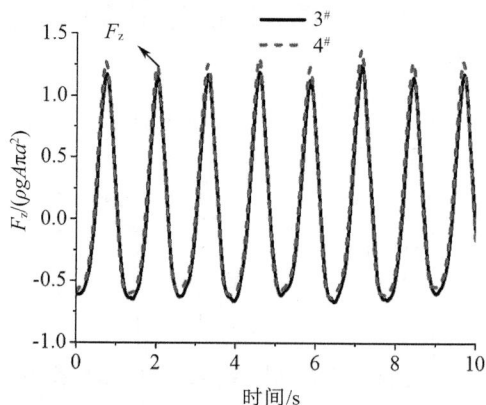

图 4.25　集成于防波堤的波浪能装置的波浪激振力时历曲线

浪激振力 F_z 的试验结果图。最大波浪激振力对应于图 4.27 中时历曲线的峰值。通过对比集成于防波堤和不带有防波堤的波浪能装置的 F_z 可以看出,集成于防波堤的波浪能装置的 F_z 要明显大于不带防波堤的波浪能装置所对应的 F_z。

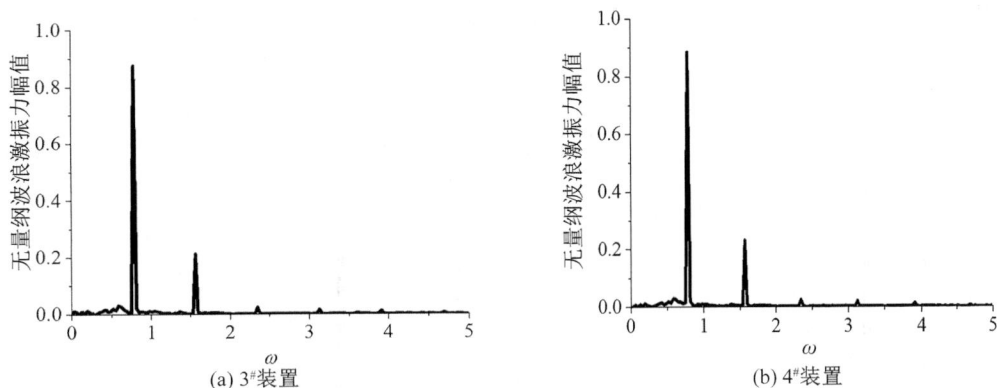

(a) 3#装置　　　　　　　　　(b) 4#装置

图 4.26　集成于防波堤的波浪能装置波浪激振力的幅频分析

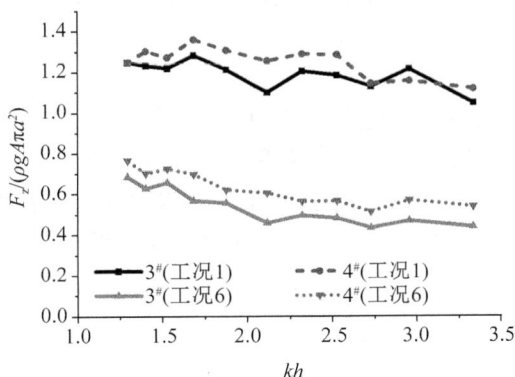

图 4.27　最大波浪激振力的试验结果

3. 防波堤与波浪能装置间距的影响

这部分内容主要考虑防波堤与波浪能装置间距 s_1 对防波堤透射系数和波浪能装置运动响应的影响。此外,为了将防波堤–波浪能装置集成系统与单个防波堤和单个波浪能装置的水动力特性进行对比,这里对单个防波堤和单个波浪能装置的试验结果也做了进一步分析讨论。由于本试验中的四个浮筒尺寸相同且对称布置,因此仅考虑右侧的两个装置(即 3# 和 4#)的测量结果。

图 4.28 所示为 3# 和 4# 装置的垂荡运动响

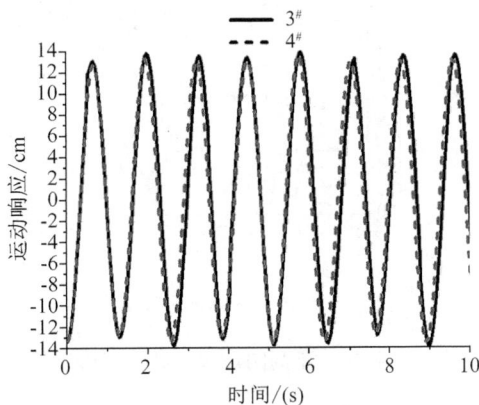

图 4.28　3#和4#装置的垂荡
运动响应的时历曲线

应的时历曲线($T = 1.27$ s、$A = 0.06$ m、$d = 0.20$ m和$s_1 = 0.05$ m)。由图可以看出两个装置垂荡运动的相位相同。图4.29所示为3#和4#装置对应垂荡运动响应的频谱分析结果,从图中可以看出,运动响应中并没有二阶或者更高阶幅值的出现,这是因为对于垂荡运动的波浪能装置,流体的黏性效应和机械摩擦所引起的外部阻尼会抵消结构的高阶运动幅值分量。

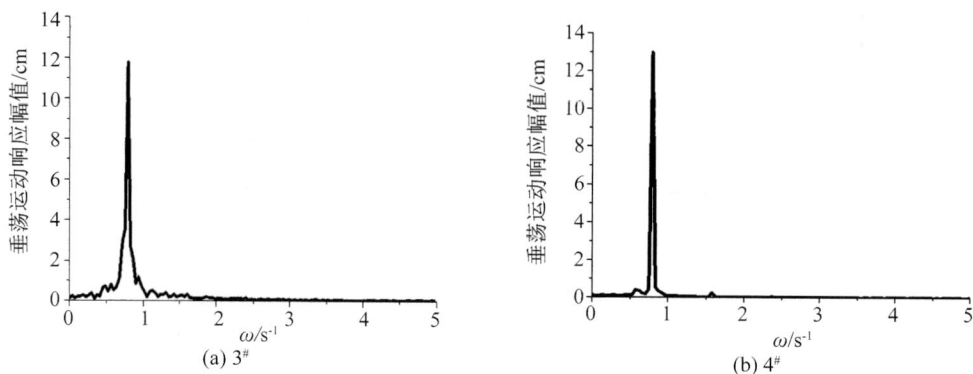

(a) 3#   (b) 4#

图4.29 3#和4#装置对应垂荡运动响应的频谱分析结果

通过图4.30可以看出,每个工况下3#和4#装置对应的垂荡运动响应幅值算子ξ并不完全相等,但是差别较小。总体而言,3#和4#装置对应的ξ与波数的变化趋势基本一致。理论上水槽中多个浮筒的布置形式可等同于无穷多个结构阵列布置形式,在水平向浪入射条件下,各个结构的运动响应幅值应该相同。本节试验的结果出现微小差别的原因是不同装置的摩擦阻力并不完全相同。

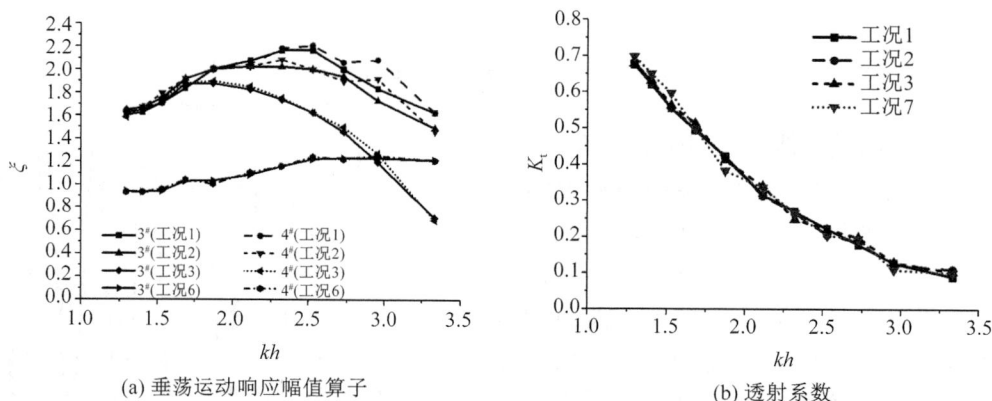

(a) 垂荡运动响应幅值算子   (b) 透射系数

图4.30 不同防波堤－波浪能装置间距对应的垂荡运动响应幅值算子和透射系数试验结果

对于集成于防波堤的波浪能装置,在低频区域($1.306 < kh < 1.684$)防波堤－波浪能装置间距s_1对波浪能装置垂荡运动响应幅值算子的影响较小;在高频区

域($1.684 \leqslant kh < 3.334$),随着 s_1 的减小波浪能装置的垂荡运动响应幅值算子增大。通过对比集成于防波堤的波浪能装置和无防波堤的波浪能装置的垂荡运动响应幅值可知,合理设置 s_1 可使前者的垂荡运动响应幅值明显大于后者。这主要归因于防波堤前侧的流场为入射波和反射波的叠加,使得装置的垂荡运动响应幅值较大。对于垂荡型振荡浮子式波浪能装置,垂荡运动响应幅值从某种意义上可以衡量装置的波浪能俘获特性,因此将波浪能装置集成于防波堤可有助提高波浪能装置的获能效率。通过图 4.30 中的透射系数结果可以看出,s_1 对防波堤 – 波浪能装置集成系统透射系数的影响较小,随着波数的增加透射系数呈减小趋势。通过与传统防波堤系统(即无波浪能装置的防波堤)进行对比可知,波浪能装置对防波堤透射系数的影响也较小。

4. 波浪能装置吃水的影响

为研究波浪能装置吃水的影响,这里针对浮筒的三种不同吃水(即 $d = 0.05$ m、0.10 m 和 0.20 m)开展试验,集成系统的参数详见表 4.2 中的工况 2、工况 4 和工况 5。由图 4.31(a)可知,各种工况对应的 $3^{\#}$ 和 $4^{\#}$ 装置的垂荡运动响应幅值算子 ξ 并不完全相同,主要表现为外侧装置的运动响应幅值略大于内侧装置的运动响应幅值。吃水对装置运动响应幅值的影响主要体现在,随着吃水的增加,波浪能装置的运动响应幅值算子呈增加趋势。从图 4.31(b)的透射系数图中可以看出,吃水的变化对透射系数变化趋势影响较小。

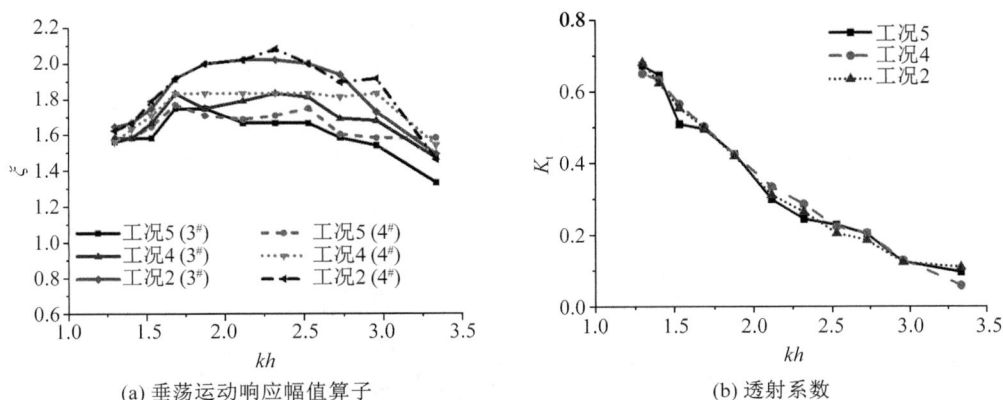

(a) 垂荡运动响应幅值算子　　　　　　　(b) 透射系数

图 4.31　不同吃水工况下对应的垂荡运动响应幅值算子和透射系数的试验结果

第5章 浮式防波堤－波浪能装置
实海况测试

5.1 试验装置设计与安装

试验装置为集成于浮式防波堤的波浪能装置,包括外部波浪能俘获机构、液压系统和电气系统。波浪能俘获机构的工作原理是:在波浪的作用下浮筒做垂荡运动,进而驱动发电系统做功,将波浪能转换为机械能。浮筒的波浪能俘获机构的设计三维图如图5.1所示,主尺度参数如表5.1所示[88]。

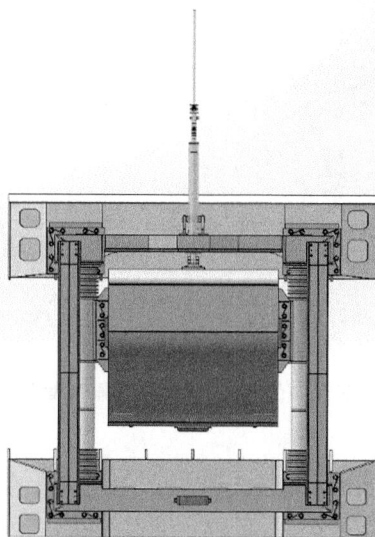

5.1 浮筒的波浪能俘获机构的设计三维图

表5.1 浮筒的主尺度参数

参数	宽度/mm	厚度/mm	型深/mm	吃水/mm	排水量/kg
数值	2 200	1 200	2 100	1 550	2 665

图5.1所示的波浪能俘获机构包括浮筒、支撑梁、立轴、减振弹簧、液压缸等。在海上试验中,波浪能装置安装于浮式防波堤的侧面,浮式防波堤作为波浪能装置的支撑载体提高了装置运行的可靠性,实现了集成系统发电/消波融合运行的一体化,浮式防波堤－波浪能装置集成系统的现场试验图如图5.2所示。

(a)　　　　　　　　　　　　　　　(b)

图5.2　浮式防波堤－波浪能装置集成系统的现场试验图

试验采用液压系统作为发电系统,这是波浪能装置的二级能量转换机构。液压系统主要由液压油箱、蓄能器、控制阀组成(图5.3)。液压系统的主要部件位于浮式防波堤的舱室内部,不与海水直接接触。采用液压系统的波浪能装置的发电特点是每隔一段时间发电机开始发电,发电机发电时间非常短,在此过程中发电机的发电量与蓄能器的容量、压力值以及负载有关,波浪越大、浮筒的运动性能越好,则蓄能时间越短,此时装置的平均功率越大。

图5.3　液压系统实体图

发电系统输出的电能通过电控子系统的发电机控制单元、储能及储能管理单元、逆变单元转换为稳定的220 V交流电输出,实现为系统供电。电气系统由PWM整流柜、PLC柜、电池柜和负载柜组成。PWM整流柜包括PWM整流单元、放电单元、双向电源管理单元、逆变单元;PLC柜包括PLC模组和温度巡检仪;电池柜包括电池组、充电机和智能电测仪表;负载柜包括智能电能表、排风扇和演示白炽灯。

5.2 试验测试方法

测量仪器主要用于在试验过程中测量和记录系统的工作状态及运行参数,所使用的测试仪器包括智能电测仪表、温度传感器、压力传感器、流量传感器、扭矩传感器以及扭矩功率测试仪(系统自配)。波浪能装置测试仪器的功能如表5.2所示。

表5.2 波浪能装置测试仪器的功能

序号	设备名称	设备功能	所属系统
1	智能电测仪表	电能计量	电气系统
2	温度传感器	测量电机温度	
3	压力传感器	测量蓄能器压力	液压系统
4	流量传感器	测量液压缸的流量	
5	扭矩传感器	测量液压马达的扭矩	

智能电测仪表安科瑞生产的可编程智能电测仪表,型号为 PZ72 - DE/C;温度传感器采用昆仑海岸生产的Pt100,有两种规格,检测电机温度的量程是 0～150 ℃,检测电气间和电器柜温度的量程是 0～100 ℃。为了测试系统输入的液压功率,将压力传感器安装在蓄能器出口,测量蓄能压力。压力传感器选用瑞士 HUBA 511 压力变送器。

安装在蓄能器出口与液压马达之间的流量传感器用于测试液压油的体积流量。压力数据和流量数据可以用于计算进入液压系统和电气系统之前的能量。演示验证中选用雷诺 CT 涡轮流量传感器 CT300MA - B - B - 6。扭矩传感器安装在液压马达和发电机连接处的联轴器上,主要用于测量液压马达和电机的扭矩。演示验证过程中选用 AKC - 215(300 nm)扭矩传感器。演示验证过程中,试验操作与数据读取均通过波浪能发电装置演示验证系统进行操作。波浪能发电演示验证系统的工作界面如图5.4所示。

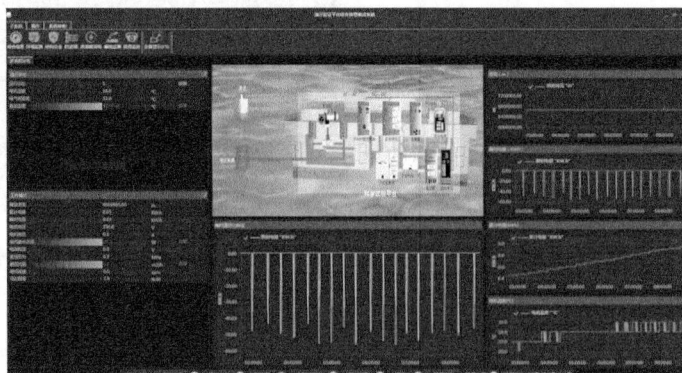

图5.4 波浪能发电演示验证系统的工作界面

1. 波浪能发电装置动力输出系统

波浪能发电装置动力输出系统状态监测包括四个方面:

(1)压力监测

通过压力计读取蓄能器压力,以判断蓄能器是否正常工作,启动/停止发电控制阀是否按预设压力值进行控制。

(2)液压流量监测

从波浪能发电演示验证系统的液压系统模块区域读取液压流量,以观察液压系统中液压油的流动状态。

(3)液压马达扭矩监测

从波浪能发电演示验证系统的液压系统模块区域读取液压马达扭矩。

(4)发电机转速监测

从波浪能发电演示验证系统的液压系统模块区域读取发电机转速,根据液压马达扭矩和发电机转速计算出发电机的输入功率。

2. 波浪能发电装置发电性能试验

波浪能发电装置发电性能试验主要包括:波浪能发电装置的启动发电能力、波浪能发电装置的输出功率和发电效率。

(1)波浪能发电装置的启动发电能力

根据波浪能检测结果,观察入射波状态,记录入射波波高的变化情况以及波浪能发电装置的工作状态,获得波浪能发电装置启动发电的最小波高,分析波浪能装置的启动发电能力。

(2)波浪能发电装置的输出功率

通过波浪能电气显控系统实时监测波浪能发电装置的输出电压$[U(t)]$和输出电流$[I(t)]$,根据瞬时电压和电流计算波浪能发电装置的瞬时输出功率$P(t)$:

$$P(t) = U(t)I(t) \tag{5.1}$$

研制的波浪能发电装置采用液压系统进行二级能量转换,当液压蓄能器的压力值达到预设的启动发电阈值时,发电机开始发电。因此启动发电以后,发电机的瞬时输出功率决定于液压蓄能器的压力变化,而与浮筒运动状态无关。

(3)波浪能发电装置的发电效率

从显控系统数据库中调取时间T内波浪能发电装置的输出电压与电流数据,计算波浪能发电装置在这段时间内的平均输出功率。由于数据是离散的,设数据采样时间间隔为Δt,数据量为N,根据以下公式计算波浪能发电装置的平均发电功率:

$$\overline{P} = \frac{1}{N}\sum_{i=1}^{N} U(i)I(i) \tag{5.2}$$

演示验证系统中波浪能发电装置的累计电量可通过智能电测仪表直接读取。设Δt时间段内的累计电量为ΔE,则在该段时间内的平均发电功率为

$$\overline{P} = \frac{\Delta E}{\Delta t} \tag{5.3}$$

根据气象水文观测系统波浪传感器所测量的波浪参数,测算入射波功率,单位宽度内

随机波的功率通过以下公式计算：

$$P_W = D \sum_{j=1}^{N} \frac{\rho g^2}{4\omega_j} A(\omega_j)^2 \left\{ 1 + \frac{2k_0(\omega_j)h}{\sinh[2k_0(\omega_j)h]} \right\} \tanh[k_0(\omega_j)h] \tag{5.4}$$

式中　D——浮筒宽度；

　　　$A(\omega_j)$——随机波中第 j 个规则波的波幅；

　　　ω_j——波频。

按照 Kinsman 的公式来计算波浪功率，根据该公式，一个严格正弦波单位波峰宽度的波浪功率为

$$P_W \approx CH_{1/3}^2 \bar{T} \tag{5.5}$$

式中　$H_{1/3}$——1/3 有效波高；

　　　$\bar{T}$——平均周期；

　　　$C = 0.5$。

由此测算一段时间内波浪能发电装置的平均发电效率：

$$\eta = \frac{\bar{P}}{DP_W} \times 100\% \tag{5.6}$$

本书中浮筒宽度 D 为 2.2 m。演示验证试验为实海况试验，试验工况由试验期间的海况决定，试验过程中，记录当时实海况环境下的波浪参数。

5.3　试验结果分析

演示验证试验过程中通过科学实验平台演示验证系统读取和记录试验数据，包括环境数据、波浪能发电装置运行状态数据以及发电数据。其中环境数据包括两个声学多普勒流速剖面仪（ADCP）和波浪传感器所测量的波浪 1/3 波高、谱峰周期、浪向等数据；波浪能发电装置的运行状态和发电数据包括累计电量、瞬时功率、瞬时电压、瞬时电流、液压压力、液压流量、电气间温度、液压马达扭矩和电机转速等参数。

这里主要从动力输出系统的状态监测、电控系统的状态监测以及平均发电功率和发电效率等方面对试验数据进行分析。下面针对第二阶段演示验证期间所记录的试验数据就上述性能进行分析，分析时选取了试验期间典型海况下的数据，波浪数据采用 ADCP1、ADCP2 以及波浪传感器所测量的波浪数据，为了更全面地分析不同波高下波浪能装置的运行状态和发电性能，选取第二阶段试验过程中的波高范围内主要的 1/3 波高，包括 0.2 m、0.25、0.3 m、0.35 m、0.4 m、0.45 m、0.5 m、0.55 m、0.6 m、0.65 m、0.7 m、0.75 m、0.8 m、0.85 m、0.9 m。相同波高下不同浪向和不同周期的 ADCP 所测量的浪向为以正北方向为基准线的角度，波浪浪向与波浪能装置的角度关系如图 5.5 所示。

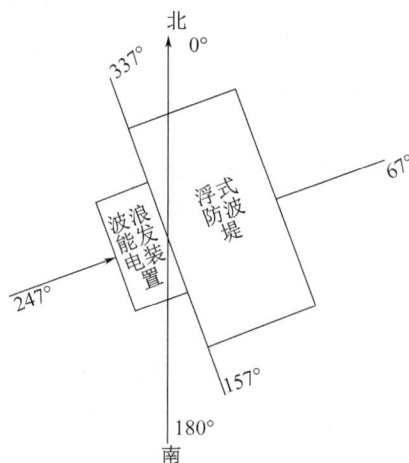

5.5　波浪浪向与波浪能装置的角度关系

为了更直观地掌握波浪浪向与波浪能发电装置的角度关系,这里对波浪传感器测量的浪向采用如下公式进行换算:

$$\beta = \alpha + 23° - 180° \tag{5.7}$$

式中　α ——ADCP 测量的浪向角;

　　　β ——波浪与波浪能发电装置印有"海豚"字样壁面(定义这一面为波浪能发电装置的正面,反之为反面)所呈的角度,当该角度为正值时,表示波浪从装置正面传来,反之表示波浪从装置背面传来。

采用如图 5.6 所示的压力表监测蓄能器和液压油箱的压力,压力表的数据未通过光纤传输至显控系统,而是通过人工进行记录。图 5.6(a)所示为蓄能器压力表,根据液压系统的工作流程,蓄能器的压力直接反映了装置的能量转换状态,该压力表显示液压系统工作过程中蓄能器的压力变化。通过人工观察,在实海况状态下,当蓄能器压力升至 5.6 MPa 时,系统启动发电,当蓄能器压力降至 3 MPa 时,系统停止发电,并重新开始蓄能。压力从 3 MPa 升至 5.6 MPa 所用的时间根据波高的变化而变化,该时间与系统发电周期相同。图 5.6(b)所示为液压油箱压力表,当油箱压力降至 0.1 MPa 以下时,需要对油箱充气,在前期演示验证过程中,对系统进行了两次充气工作。

(a) 蓄能器压力表　　　　　　　　　　(b) 液压油箱压力表

图 5.6　蓄能器压力表和油箱压力表

液压流量通过流量传感器进行监测,主要监测发电期间的液压流量变化情况。通过数据采集,不同波高下液压流量的时历变化曲线如图 5.7 所示。从图 5.7 中可以看出,每隔一段时间,液压流量迅速增加,此时发电机开始发电,发电状态下,液压流量保持在 11 m^3/min 左右。在不同波高条件,液压流量增加和减少基本为规则变化,说明浮筒的运动也处于某种程度的规则变化。另外波高增加,相邻两段流量脉冲曲线之间的间隔时间变短,这说明液压系统蓄能周期减小了,与波高较小的工况相比,相同时间内蓄能次数会增加,发电量相应增加。

液压马达扭矩通过扭矩传感器进行监测,通过监测,一方面可以监控液压马达是否正常工作,另一方面也可以分析液压马达的工作性能。图 5.8 所示为不同波高时液压马达扭矩的时历变化曲线。

(a) 平均波高0.20 m

(b)平均波高0.30 m

(c)平均波高0.55 m

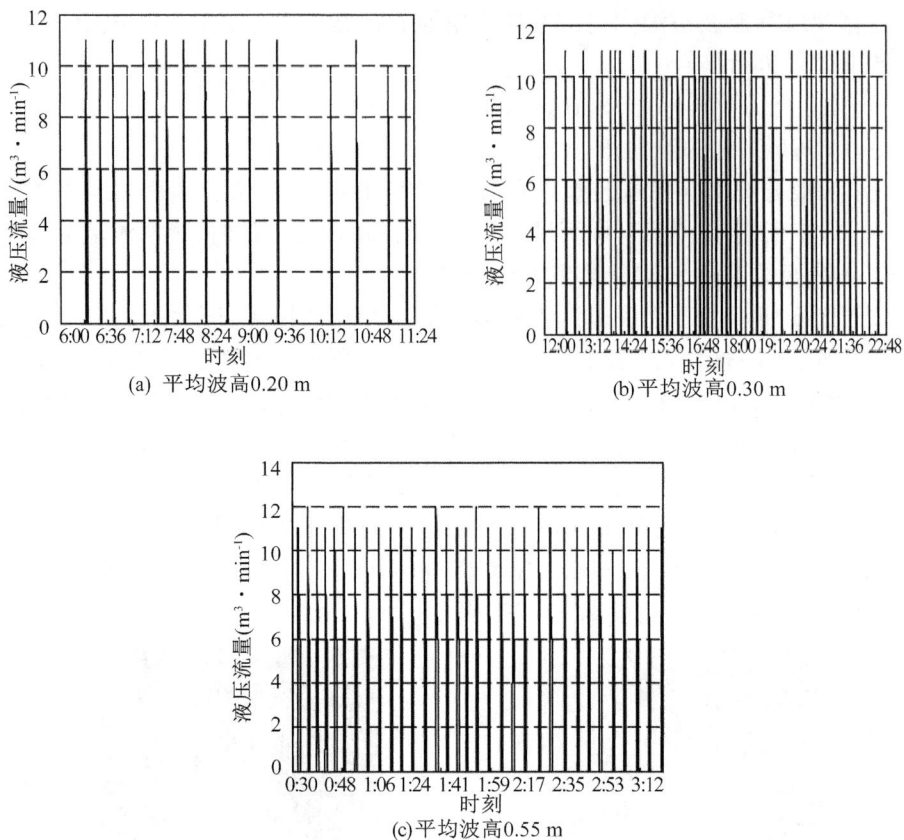

图5.7　几种波高下液压流量的时历变化曲线

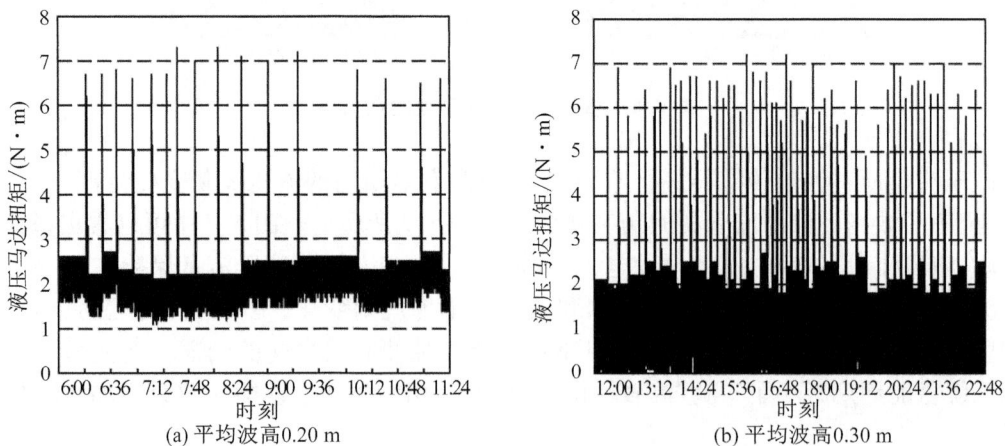

(a) 平均波高0.20 m

(b) 平均波高0.30 m

(c) 平均波高0.55 m

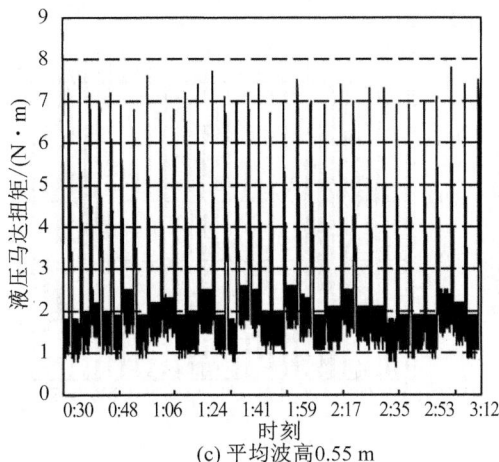

图5.8　几种波高下液压马达扭矩的时历变化曲线

由上述液压马达扭矩的监测结果可知,蓄能状态下,液压马达扭矩一般为 $1 \sim 2$ N · m,当蓄能器压力达到发电阈值时,液压马达快速旋转,液压马达扭矩达到 7.5 N · m 左右。波高不同,最大扭矩不变,这是因为最大扭矩的变化周期发生了变化,波高越大,该周期越短,而这是由于液压马达是在相同的蓄能压力下开始工作的,波高越大,蓄能周期越短,这与液压流量变化一致。

发电机转速通过转速传感器进行监测,通过监测发电机转速,一方面可以监控发电机是否正常工作,另一方面也可以分析发电机的工作性能。图5.9所示为不同波高下电机转速的时历变化曲线,发电状态下发电机的转速在 $1\ 000$ r/min 左右。

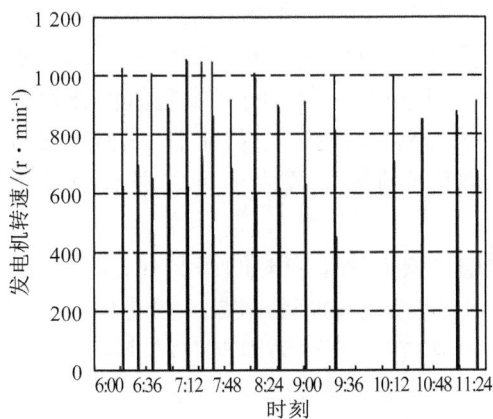

(a) 平均波高0.20 m

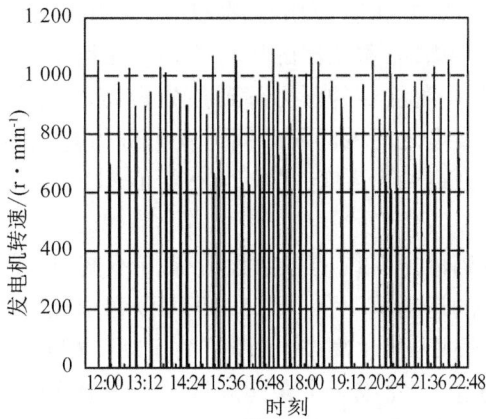

(b) 平均波高0.30 m

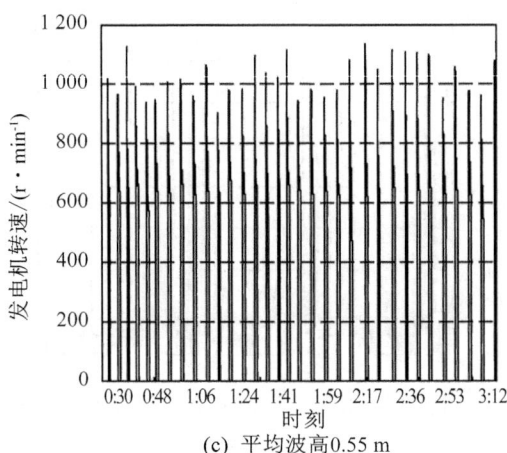

(c) 平均波高0.55 m

图5.9　几种波高下发电机转速的时历变化曲线

　　这部分内容通过演示验证期间的发电数据,对波浪能发电装置的发电性能进行了分析。由于以液压系统作为二级能量转换的波浪能发电装置首先需要一段时间的蓄能,当蓄能器的压力达到一定阈值时,发电机才启动发电。因此,分析波浪能发电装置的发电性能需从瞬时发电功率和平均发电功率两个方面进行。

　　波浪能发电装置的瞬时发电功率为每一时刻发电机发电功率的变化情况。决定波浪能发电装置瞬时发电功率的因素主要有蓄能器压力、流速、发电机自身的性能等。下面对试验期间波高对波浪能发电装置的瞬时发电功率的影响进行分析。

　　从图5.10所示的瞬时输出功率曲线可以看出,每隔一段时间,发电机的瞬时输出功率会在短时间内急剧增加,并迅速恢复为0 W。当发电机输出功率为0 W时,波浪能发电装置处于蓄能状态,发电机没有工作;当发电机输出功率不为0 W时,波浪能发电装置完成一个蓄能周期,蓄能器的压力达到预先设定的阈值,发电机启动工作,此时蓄能器的压力迅速下降,当蓄能器的压力降到预先设定的下限时,发电机停止工作。两次发电机停止发电和启动发电之间的间隔时间为发电机的蓄能周期。本系统共装有四个蓄能器,根据情况可选择仅开启两个蓄能器或四个蓄能器同时开启,蓄能器的压力阈值也可以根据条件进行调节。

　　当液压系统的参数设置保持不变时,蓄能周期主要取决于当时的海况,以及该海况下浮子的运动情况。由图5.10可以看出,随着波高增加,蓄能周期逐渐减小,这是因为相同浪向和周期下,波高越大,浮筒的运动行程越大,从而浮筒在一个运动周期内对液压系统所做的功越大,完成一个蓄能周期的时间越短。但同时蓄能周期也和其他的海况参数有关,如浪向,即在实海况条件下,即使波高相同,浪向也会影响浮筒的运动性能,尤其是当波浪从波浪能装置的正面和背面传来时,其运动会显著不同,从而影响蓄能周期。

　　从波浪能装置的运行情况来看,虽然蓄能器的压力上限值保持不变,但是由于波浪对防波堤的作用,防波堤内部的发电机、液压系统等设备受到扰动,使得发电机在最大压力作用下启动发电时,其瞬时功率并非保持不变,而是在小幅范围内波动。目前,根据陆上试验,由于波浪的随机性,有义波高及浪向会对蓄能周期产生一定的影响,进而影响发电机的瞬时功率。当装置根据设计满载荷运行时其最大瞬时功率可达 3 kW 以上,如图 5.10 中 2019 年 9 月和 10 月发电机的瞬时功率曲线。

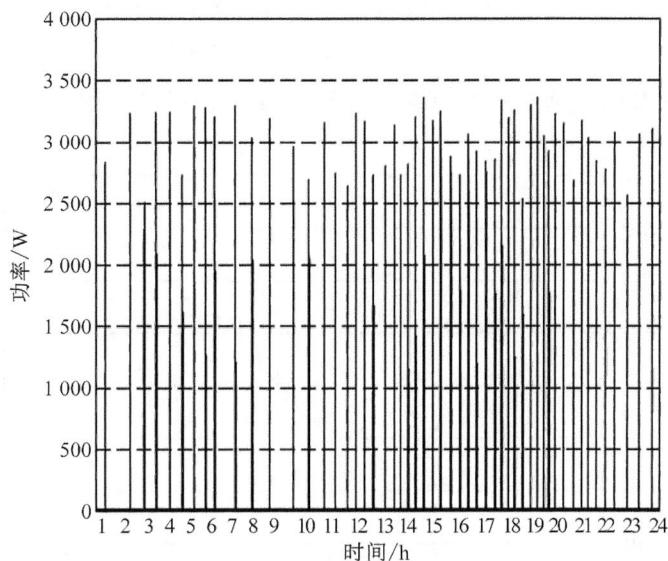

(a) 2019年9月发电机输出功率

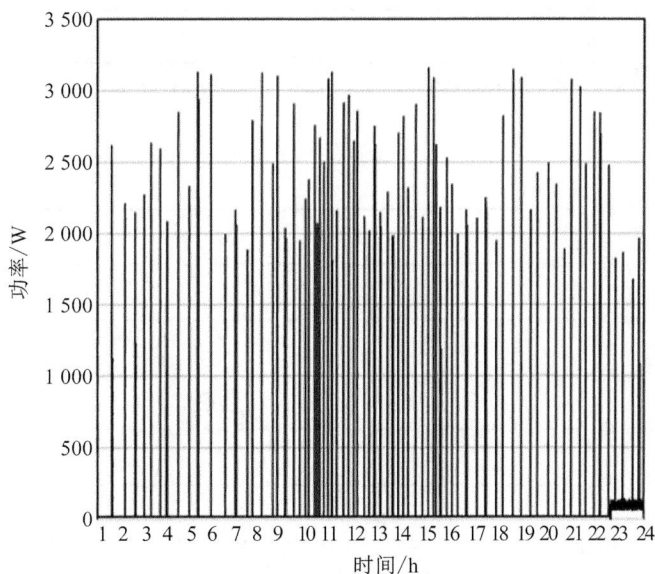

(b) 2019年10月发电机输出功率

图 5.10　不同波高下发电机瞬时输出功率曲线

抽取演示验证阶段,测试了不同波高情况下所对应的发电量累计情况,1/3 波高为 0.2 ~ 0.9 m。从测试结果中可以看出,波高 0.2 m 时,5 h 电量增加了 0.1 kW·h,波高 0.35 m 时,电量增加了 0.1 kW·h 需要约 3 h 时间,而 1/3 波高在 0.5 m 以上时,电量增加 速度迅速增加,比如 1/3 波高 0.55 m 时,电量增加 0.1 kW·h 约需要 1 h,当波高继续增加时,发电量增加速度开始变缓。从不同波高下波浪能发电装置的运行情况来看,波高在0.5 m以下即使可以启动,但是发电效率非常低,尤其0.2～0.3 m情况下,发电量增加速度非常缓慢。图5.11所示为不同波高下累计发电量的时历变化曲线。

波高在0.3～0.5 m的波浪在当地海域出现的概率最大,因此在进行波浪能装置的研究和设计时,应考虑根据出现概率最大的波浪情况,可最大限度地利用当地的波浪能资源。

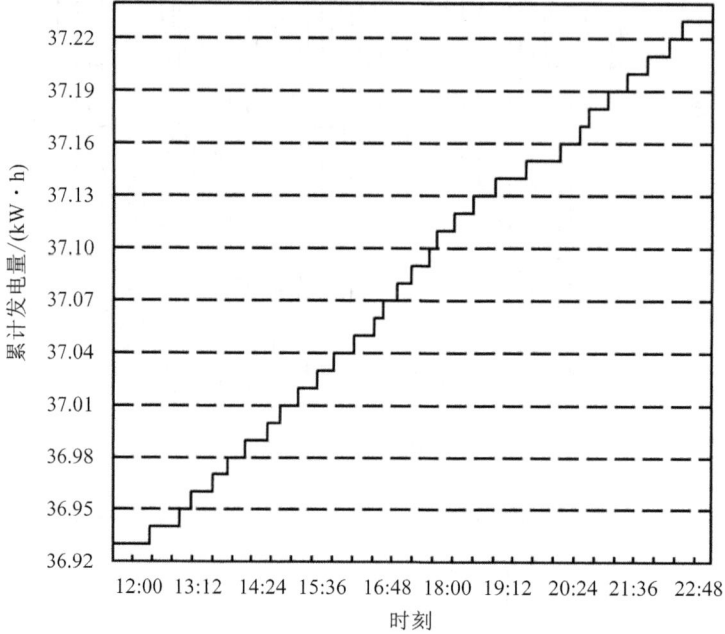

(a) 平均波高0.30 m

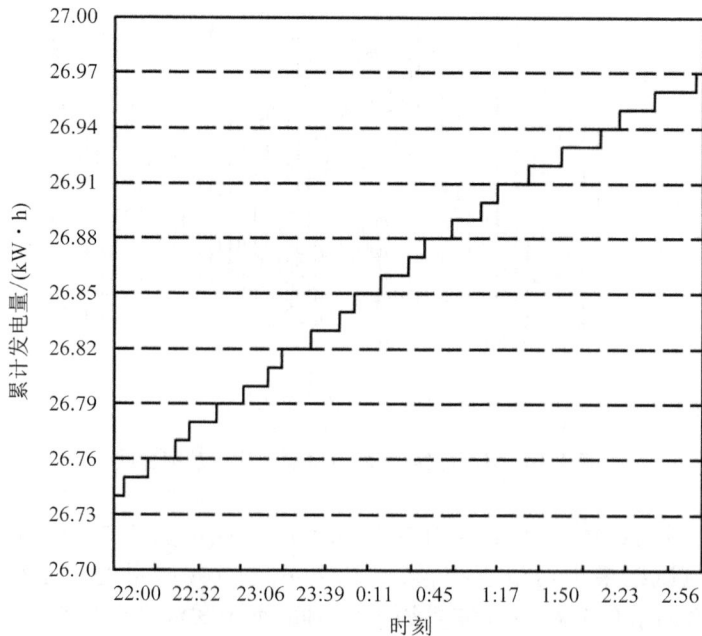

(b) 平均波高0.60 m

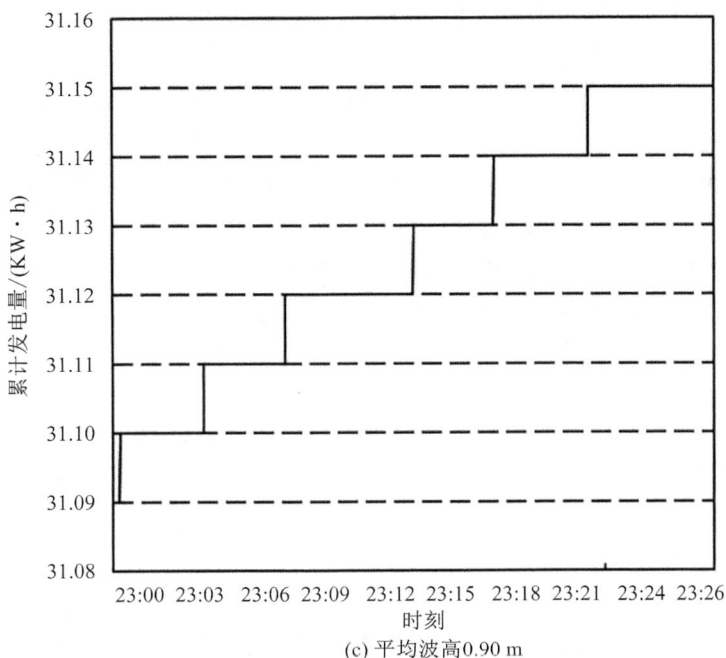

(c) 平均波高 0.90 m

图 5.11　不同波高下累计发电量的时历变化曲线

波浪能发电装置的平均发电功率和效率综合反映了波浪能装置将浮筒宽度内的波浪能转换为电能的能力。影响装置平均发电功率和效率的因素主要包括波浪波高和周期、浮筒运动性能、液压系统的工作性能、发电机的发电性能以及负载等。下面分情况讨论影响波浪能装置平均发电功率和能量转换效率的因素。

波浪能发电装置在实海况中的发电效率受到波浪周期、波高、浪向以及与防波堤之间的耦合作用的响应。虽然通过测量仪器可以获得与发电数据同步的环境数据，但是由于实际海洋波浪的不规则性，加之测量仪器的误差，以及测量仪器的布放距波浪能装置有一段距离，实际作用在波浪能装置上的波浪要素与测量仪器获得的波浪要素不尽相同，因此真实海况中波浪能发电装置的效率与波浪各参数之间的对应关系在个别情况下具有一定偏差，但整体上能够反映波浪能发电装置的发电性能与波况的关系，下面从不同角度分析二者的对应关系。

（1）相同波高、不同浪向对装置平均发电功率和平均发电效率的影响

浮式防波堤 – 波浪能发电装置以防波堤为载体，安装于防波堤的一侧，由于防波堤的防浪消波作用，当波浪从防波堤的不同方向传播时，波浪对波浪能发电装置的作用显然是不同的。因此，分析波浪能发电装置的发电性能时，首先需要考虑浪向对装置的影响。为此，这里考虑相同波高条件下，装置的平均发电功率和平均发电效率与浪向的关系。由于海况不可能在某一时间维持波高不变，浪向变换，因此测试时在整个发电期间，固定波高，找不同浪向的环境数据，然而，不同浪向的波浪周期又是变换的，因此下面选择的波浪周期数据并非完全相同，只是相对比较接近的周期。表 5.3 描述了三组工况下浪向变换时装置的平均发电功率和发电效率与浪向的对应关系。根据波浪能装置的安装位置与 ADCP 的坐

标关系,对于波浪能装置,浪向角为 -43°～157°时为背浪,浪向角为 157°～337°时为迎浪,247°时为波浪能发电装置的正前方。

根据表 5.3 的数据,对于波高为 0.3 m 的情况,迎浪侧的平均发电功率比背浪侧高4%,几种浪况下迎浪侧发电效率的平均值为 17.35%,背浪侧的平均值为 13.98%;对于波高为 0.5 m 周期小于 3 s 的情况,迎浪侧的平均发电功率比背浪侧高2%左右,几种浪况下,迎浪侧发电效率的平均值为 19.1%,背浪侧发电效率的平均值为 15.8%。根据上述结果,整体上,迎浪侧的平均发电功率和平均发电效率相较背浪侧要大一些。但个别情况下,背浪侧的平均发电功率和效率会比较大,这是由于实海况条件下,ADCP 的安装位置并不能完全反映波浪能装置所处位置的波浪情况,导致这些情况下误差较大。

表 5.3 平均发电功率和发电效率与浪向的对应关系

波高/m	周期/s	浪向/(°)		入射波功率/kW	平均发电功率/kW	发电效率/%
0.3	2.55	87.6	背浪侧	0.25	0.027	10.8
	2.33	113.7		0.23	0.036	15.6
	2.53	143.7		0.25	0.030	12.0
	2.88	61.6		0.28	0.045	15.8
	2.75	154.0		0.27	0.043	15.7
	2.45	197.6	迎浪侧	0.24	0.047	19.3
	2.82	238.7		0.28	0.050	18.0
	2.46	251.3		0.24	0.043	17.6
	2.56	293.3		0.25	0.041	16.3
	2.42	317.2		0.24	0.038	15.7
	2.46	251.3		0.24	0.042	17.2
0.5	2.85	120.6	背浪侧	0.78	0.130	16.7
	2.55	150.5		0.70	0.110	15.5
	2.54	181.7		0.70	0.110	15.3
	2.49	194.2	迎浪侧	0.68	0.110	15.7
	2.59	217.2		0.71	0.140	20.3
	2.77	261.0		0.76	0.170	21.9
	2.72	227.8		0.75	0.140	18.5
0.5	3.47	140.6	背浪侧	0.95	0.160	17.1
	3.29	163.3		0.90	0.140	15.4
	3.19	200.8	迎浪侧	0.88	0.150	17.1
	3.08	253.7		0.85	0.160	19.4

(2)相同波高、不同周期下装置的平均发电功率和发电效率

这里考虑到浪向的影响,分别选择背浪和迎浪进行分析,浪况从海洋环境数据中选取如表 5.4 所示。

表 5.4　从海洋环境数据中选取的浪况

序号	波高/m	周期范围/s	浪向范围/(°)
1	0.35	2.25~2.65	125~143
2	0.35	2.20~3.55	301~317
3	0.50	2.32~3.47	125~139
4	0.50	2.62~3.20	220~230

　　图 5.12(a)所示为平均发电效率与周期的关系,其为表 5.4 中第一种浪况下,发电效率随波浪平均周期变化的曲线,在该工况下不同时刻的浪向变化为 125°~143°,可视为浪向基本相同,在此情况下,由图可以看出,除平均周期为 2.26 s 和 2.30 s 的情况下,平均发电效率基本在 12% 与 16% 之间。图 5.12(b)所示为表 5.4 中第二种浪况下平均发电效率与周期之间的关系。由图可以看出,在该浪况下装置的发电效率在 17% 至 22% 之间。从以上两种实验结果分析来看,平均周期对波浪能发电装置的能量转换效率的影响并不显著,这主要有两个方面的原因:一方面是因为实海况条件下的波浪为随机波,相较于规则波,随机波的周期为统计值,实际的波浪周期包含其他周期,从而导致不同平均周期下波浪能发电装置的发电性能与波浪平均周期之间没有显著的对应关系;另一方面,上述平均周期的值变化范围较小且基本处于波浪能装置的设计共振周期附近,因此当周期变化时,平均发电效率的变化并不明显。图 5.12(a)和图 5.12(b)两种情况的对比,进一步说明了浪向对波浪能装置发电性能的影响非常明显。图 5.12(c)所示为表 5.4 中的第三、四种浪况下平均发电效率与周期之间的关系,分别代表了迎浪和背浪两种情况。由图可以看出,迎浪条件下装置的平均发电效率在 15% 至 25% 之间,背浪条件下,随着周期的变化,其平均发电效率具有较明显的区别。出现这种现象的原因除了测量仪器因安装位置造成的误差以外,防波堤对波浪的防浪消波作用亦会使波浪的特征发生改变,从而影响装置的平均发电效率。

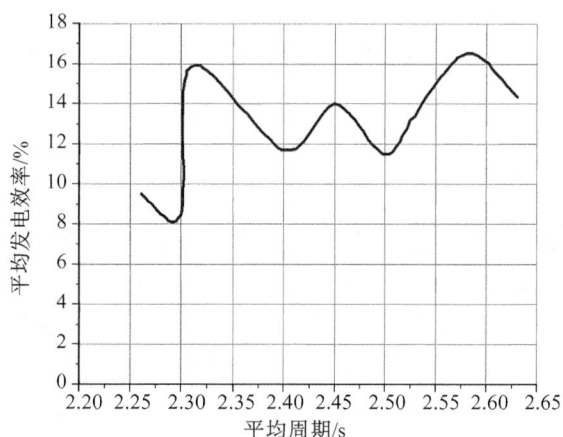

(a)波高 0.35 m,背浪 125°~143°

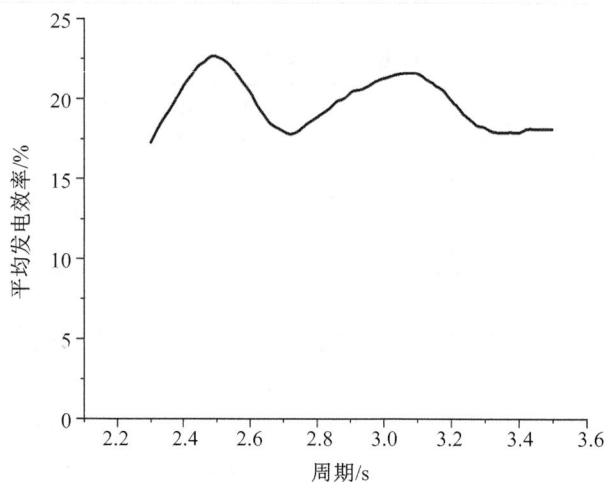

（b）波高0.35 m，迎浪301°～317°

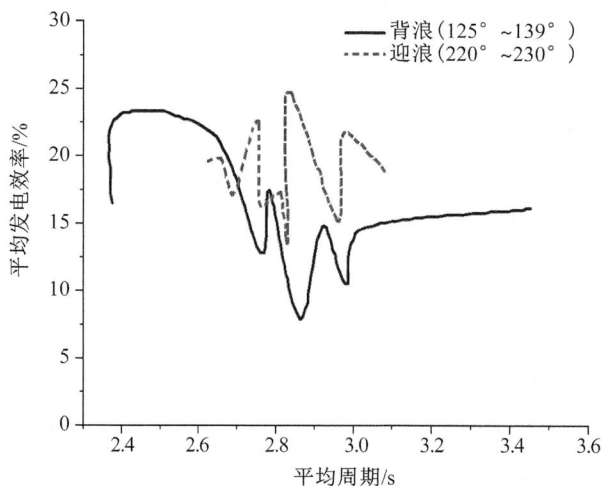

（c）波高0.5 m，背浪125°～139°，迎浪220°～230°

图5.12　平均发电效率与周期的关系

（3）相同浪向、不同波高对装置平均功率和平均发电效率的影响

考察波高对波浪能装置平均发电功率和平均发电效率的影响，选取两组数据：一组是波高0.19～0.61 m，周期2.20～3.02 s，浪向为67°～157°（背浪），波高0.17～0.62 m，周期2.3～3.45 s，浪向337°～360°或者0°～67°（背浪）；另一组是波高0.39～0.91 m，周期2.20～3.02 s，浪向为157°～247°或者247°～337°（迎浪），波高0.27～0.85 m，周期2.46～3.11 s。图5.13～图5.16所示为两组浪况下装置的平均功率和平均发电效率随波高的变化曲线。试验结果表明，随着波高增加，无论在迎浪还是背浪条件下，波浪能发电装置的平均发电功率均随之增加，但是此时入射波功率亦显著增加，导致波浪能装置的平均发电效率并非随波高增加而增加，而且在波高高于0.6 m时，随着波高的增加其效率反而降低。出现这种现象的原因有两个方面：一方面是随着波高增加，波浪周期也在增加，当周期发生较

大幅度的变化且与波浪能装置的共振周期差别加大时,会导致相同条件下周期越大装置的平均发电效率越低;另一方面是因为为了考虑到实海况条件下波浪能发电装置的结构安全性,浮筒的运动形式被限制在 1.3 m,数值模拟和水池试验可知,浮筒的运动响应幅值算子约为 1.7,因此当平均周期大于 0.6 s 时,在有些条件下浮筒运动会与上下限位器发生碰撞,从而造成能量损失,降低了装置的平均发电效率。从试验结果可以看出,虽然限位器会使得大浪条件下浮筒的能量损失,但依然可使其平均发电效率保持在 15% 以上,因此,综合考虑装置的平均发电效率和结构安全性,安装限位器具有必要性。

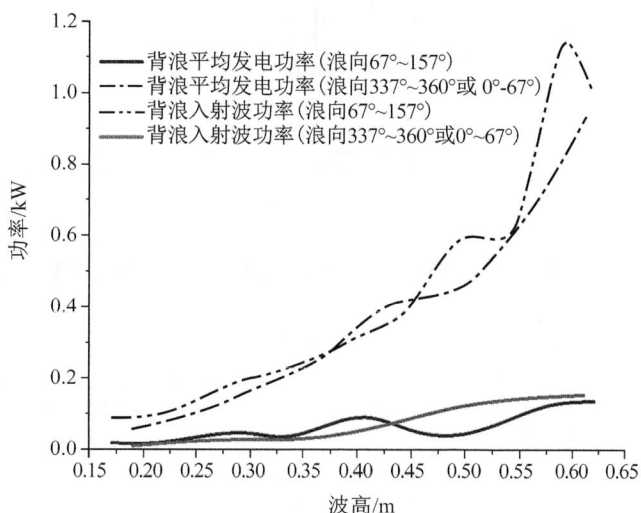

图 5.13　背浪平均发电功率与波高的关系

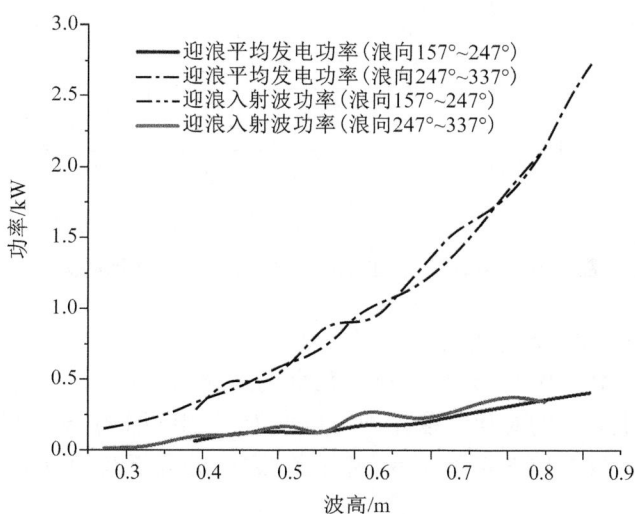

图 5.14　迎浪平均发电功率与波高的关系

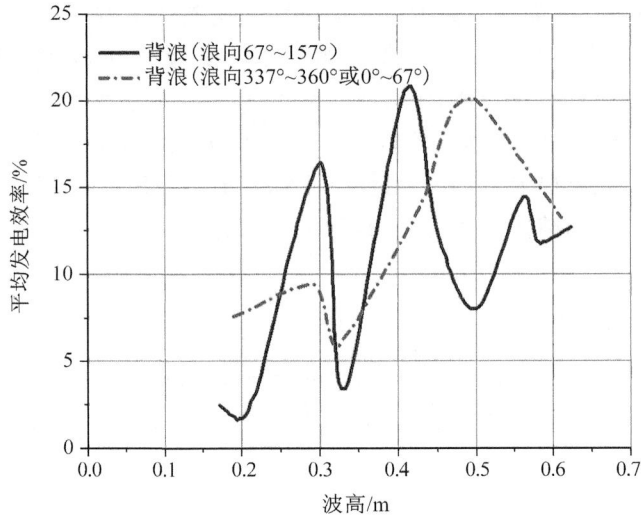

图 5.15　接近浪向（背浪）平均发电效率与波高的关系

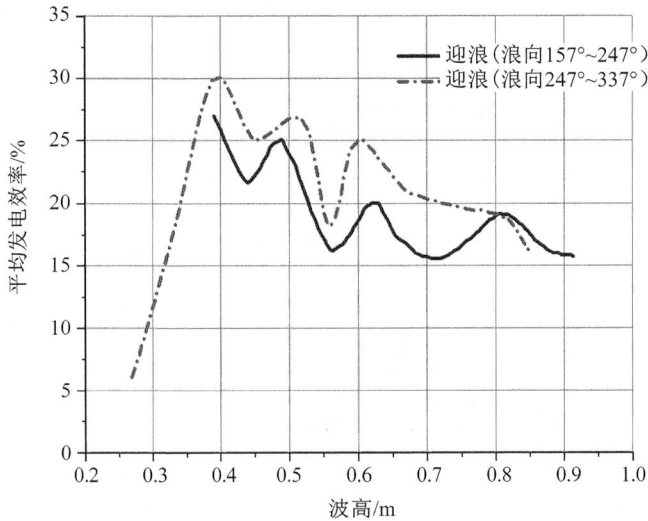

图 5.16　接近浪向（迎浪）平均发电效率与波高的关系

（4）ADCP1 与 ADCP2 数据对比

图 5.17 所示为 ADCP1 与 ADCP2 测量数据的对比，选取了同时间迎浪和背浪时，波浪能发电装置平均发电效率的对比。从图中可以发现，利用两个仪器测得的环境数据计算得到波浪能发电装置的发电效率基本一致，基于此，之前的分析是由 ADCP1 测得数据进行分析的。

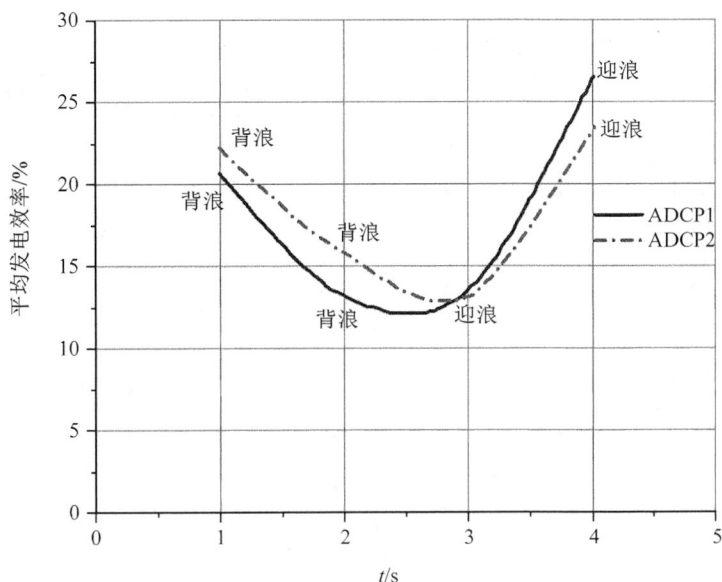

图 5.17　ADCP1 与 ADCP2 测量数据的对比

（5）波浪能发电装置的全波高效率

考察波浪能发电装置试验期间的发电效率，从两个方面进行分析，一方面分析发电装置在不同波高下的发电效率。在试验期间的数据中挑选波高及其对应的周期、浪向，再从对应的发电数据中选取发电量和对应工况的持续时间，如表 5.5 所示。由表可知计算所得的平均发电效率基本都在 15% 以上，但是随着波高增加入射波功率增加，平均发电功率也增加，但是效率会有所减少，原因如上述分析。另一方面，选取某两天的发电数据，再从当天的环境数据中选取波浪参数，不考虑浪向，根据发电数据计算发电功率，根据入射波公式计算入射功率。结果发现，多数时间波浪能发电装置的平均发电效率都在 15% 以上，甚至可达 30%，某些时间段平均发电效率在 15% 以下。

表 5.5　不同条件下装置的平均发电功率和平均发电效率

序号	有义波高/m	平均周期/s	原始浪向/(°)	初始电量/(kW·h)	结束电量/(kW·h)	持续时间/min	入射波功率/kW	平均发电功率/kW	平均发电效率/%
1	0.24	2.58	264.0	77.08	77.12	243	0.163	0.010	6.04
2	0.29	2.46	251.3	90.63	90.69	89	0.228	0.040	17.77
3	0.35	2.48	165.1	67.28	67.38	66	0.334	0.091	27.20
4	0.35	2.54	257.1	65.43	65.60	64	0.342	0.103	30.13
5	0.39	2.73	250.2	70.52	70.66	70	0.457	0.116	25.33
6	0.40	2.75	175.7	89.62	89.74	68	0.484	0.106	21.88

表 5 - 5(续)

序号	有义波高/m	平均周期/s	原始浪向/(°)	初始电量/(kW·h)	结束电量/(kW·h)	持续时间/min	入射波功率/kW	平均发电功率/kW	平均发电效率/%
7	0.44	2.52	171.8	88.55	88.71	72	0.537	0.133	24.85
8	0.46	2.74	253.5	49.59	49.77	63	0.638	0.171	26.88
9	0.50	2.77	261.0	56.69	56.85	69	0.762	0.139	18.26
10	0.51	2.98	163.2	72.86	73.04	77	0.853	0.140	16.45
11	0.55	2.90	179.9	54.04	54.24	62	0.965	0.194	20.06
12	0.55	2.88	251.7	50.24	50.51	67	0.958	0.242	25.23
13	0.60	2.83	160.6	88.40	88.62	68	1.121	0.194	17.32
14	0.61	2.81	251.4	51.64	51.84	75	1.150	0.240	20.87
15	0.66	3.14	160.8	54.92	55.31	70	1.505	0.236	15.67
16	0.73	3.19	167.6	81.86	82.28	70	1.870	0.360	19.25
17	0.75	3.11	266.5	75.14	75.54	66	1.924	0.364	18.90
18	0.80	3.08	253.7	73.81	74.22	69	2.168	0.352	16.24
19	0.81	3.33	169.2	53.21	53.67	69	2.403	0.397	16.50
20	0.86	3.38	169.5	53.12	53.56	61	2.750	0.433	15.74

参 考 文 献

[1] 赵海涛,孙志林,沈家法,等. 底铰摇板式波浪能装置水动力性能解析研究[J]. 海洋工程, 2011, 29(2): 117-121.

[2] 王玲玲. 二维新型摆式波能转换装置数学模型及解析方法研究[D]. 哈尔滨:哈尔滨工程大学, 2019.

[3] 王文胜,游亚戈,盛松伟,等. 双矩形浮子波能装置辐射问题的解析方法[J]. 海洋学报(中文版), 2009, 31(6): 151-160.

[4] 王文胜,游亚戈,黄硕,等. 双矩形浮子波能装置散射问题解析解及波浪力特性[J]. 太阳能学报, 2015, 36(5): 1247-1252.

[5] 郑思明. 筏式波浪能海水淡化装置的水动力性能研究[D]. 北京:清华大学, 2016.

[6] 张万超. 轴对称垂荡浮子式波能装置水动力及能量转换解析研究[D]. 哈尔滨:哈尔滨工程大学, 2017.

[7] 王树齐,张万超,徐刚. 月池对振荡浮子式波能装置转换效率的影响[J]. 江苏科技大学学报(自然科学版), 2018, 32(1): 1-6.

[8] 张万超,周亚辉,周效国. 振荡浮子式波能转换装置动力输出系统特性研究[J]. 振动与冲击, 2020, 39(11): 38-44.

[9] 汪林. 嵌套式振荡水柱波能转换装置的理论研究[D]. 杭州:浙江大学, 2018.

[10] MARTINS-RIVAS H, MEI C C. Wave power extraction from an oscillating water column at the tip of a breakwater[J]. Journal of Fluid Mechanics. 2009, 626: 395-414.

[11] MARTINS-RIVAS H, MEI C C. Wave power extraction from an oscillating water column along a straight coast[J]. Ocean Engineering, 2009, 36(6/7): 426-433.

[12] LOVAS S, MEI C C, LIU Y M. Oscillating water column at a coastal corner for wave power extraction[J]. Applied Ocean Research, 2010, 32(3): 267-283.

[13] HE F, ZHANG H S, ZHAO J J, et al. Hydrodynamic performance of a pile-supported OWC breakwater: An analytical study [J]. Applied Ocean Research, 2019, 88: 326-340.

[14] ZHENG S M, ZHANG Y L, IGLESIAS G. Coast/breakwater-integrated OWC: a theoretical model[J]. Marine Structures, 2019, 66: 121-135.

[15] ZHENG S, ANTONINI A, ZHANG Y L, et al. Wave power extraction from multiple oscillating water columns along a straight coast[J]. Journal of Fluid Mechanics, 2019, 878: 445-480.

[16] ZHENG S M, ZHU G X, SIMMONDS D, et al. Wave power extraction from a tubular

structure integrated oscillating water column [J]. Renewable Energy, 2020, 150: 342 - 355.

[17] KONISPOLIATIS D N, MAVRAKOS S A. Wave power absorption by arrays of wave energy converters in front of a vertical breakwater: A theoretical study[J]. Energies, 2020, 13 (8):1985.

[18] KONISPOLIATIS D N, MAVRAKOS S A. Theoretical performance investigation of a vertical cylindrical oscillating water column device in front of a vertical breakwater[J]. Journal of Ocean Engineering and Marine Energy, 2020, 6(1): 1 - 13.

[19] GARNAUD X, MEI C C. Comparison of wave power extraction by a compact array of small buoys and by a large buoy [J]. IET Renewable Power Generation, 2010, 4 (6): 519 - 530.

[20] SARKAR D, DIAS F. Performance enhancement of the oscillating wave surge converter by a breakwater[J]. Journal of Ocean and Wind Energy, 2015, 2(2): 73 - 80. DOI:10. 17736/jowe. 2015. tsr03.

[21] GUO B M, WANG R Q, NING D Z, et al. Hydrodynamic performance of a novel WEC-breakwater integrated system consisting of triple dual-freedom pontoons[J]. Energy, 2020, 209:118463.

[22] ZHENG S M, ANTONINI A, ZHANG Y L, et al. Hydrodynamic performance of a multi-oscillating water column (OWC) platform [J]. Applied Ocean Research, 2020, 99:102168.

[23] WAN C, YANG C, FANG Q H, et al. Hydrodynamic investigation of a dual-cylindrical OWC wave energy converter integrated into a fixed caisson breakwater[J]. Energies, 2020, 13(4):896.

[24] ZHAO X L, ZHANG Y, LI M W, et al. Hydrodynamic performance of a comb-type breakwater-WEC system: an analytical study [J]. Renewable Energy, 2020, 159: 33 - 49.

[25] WILLIAMS A N, ABUL-AZM A G. Dual pontoon floating breakwater [J]. Ocean Engineering, 1997, 24(5): 465 - 478.

[26] WILLIAMS A N, LEE H S, HUANG Z. Floating pontoon breakwaters [J]. Ocean Engineering, 2000, 27(3): 221 - 240.

[27] KOUTANDOS E V, KARAMBAS TH V, KOUTITAS C G. Floating breakwater response to waves action using a boussinesq model coupled with a 2DV elliptic solver[J]. Journal of Waterway, Port, Coastal, and Ocean Engineering, 2004, 130(5): 243 - 255.

[28] CONTENTO G. Numerical wave tank computations of nonlinear motions of two-dimensional arbitrarily shaped free floating bodies[J]. Ocean Engineering, 2000, 27(5): 531 - 556.

[29] KOO W, KIM M H. Freely floating-body simulation by a 2D fully nonlinear numerical wave tank[J]. Ocean Engineering, 2004, 31(16): 2011 - 2046.

[30] CHRISTENSEN E D, BINGHAM H B, FRIIS A P, et al. An experimental and numerical

study of floating breakwaters[J]. Coastal Engineering,2018,137:43 − 58.

[31] LI J B, ZHANG N C , GUO C S. Numerical simulation of waves interaction with a submerged horizontal twin-plate breakwater[J]. China Ocean Engineering, 2010, 24(4): 627 − 640.

[32] 郑艳娜. 波浪与浮式结构物相互作用的研究[D]. 大连：大连理工大学, 2006.

[33] 李熙，王义刚. 透空式防波堤周围的非线性波浪传播的数值模拟[J]. 海洋工程, 2004, 22(3): 97 − 101.

[34] LEE C H, NEWMAN J N , NIELSEN. F G. Wave interaction with an oscillating water column[C]// The sixth International Offshore and Polar Engineering Conference,May 26 − 31, 1996, Los Angeles, California . Los Angeles：ISOPE,1996,1:82 − 90.

[35] KUO Y S, CHUNG C Y, HSIAO S C, et al. Hydrodynamic characteristics of oscillating water column caisson breakwaters[J]. Renewable Energy,2017,103:439 − 447.

[36] VYZIKAS T, DESHOULIÈRES S, GIROUX O, et al. Numerical study of fixed oscillating water column with RANS-type two-phase CFD model[J]. Renewable Energy, 2017, 102 (pt. B): 294 − 305.

[37] 宁德志，石进，滕斌，等. 岸式振荡水柱波能转换装置的数值模拟[J]. 哈尔滨工程大学学报, 2014, 35(7): 789 − 794.

[38] 纪君娜，刘臻，纪立强. 振荡水柱波能发电装置气室的三维数值模拟研究[J]. 海岸工程, 2011, 30(2): 7 − 13.

[39] LI Y, YU Y II. A synthesis of numerical methods for modeling wave energy converter − point absorbers [J]. Renewable and Sustainable Energy Reviews, 2012, 16 (6): 4352 − 4364.

[40] PALM J, ESKILSSON C, PAREDES G M, et al. Coupled mooring analysis for floating wave energy converters using CFD: Formulation and validation[J]. International Journal of Marine Energy, 2016,16:83 − 99.

[41] AGAMLOH E B, WALLACE A K, JOUANNE A V. Application of fluid − structure interaction simulation of an ocean wave energy extraction device[J]. Renewable Energy, 2008, 33(4):748 − 757.

[42] 高人杰. 组合型振荡浮子波能发电装置研究[D].青岛:中国海洋大学,2012.

[43] 田育丰，黄焱，史庆增. 对摆式波能发电装置与波浪耦合作用数值模拟[C]//第十五届中国海洋(岸)工程学术讨论会论文集. 太原, 2011: 168 − 173.

[44] PALMA G, MIZAR FORMENTIN S, ZANUTTIGH B, et al. Numerical simulations of the hydraulic performance of a breakwater − integrated overtopping wave energy converter[J]. Journal of Marine Science and Engineering, 2019, 7(2): 38.

[45] ZHANG C W, NING D Z. Hydrodynamic study of a novel breakwater with parabolic openings for wave energy harvest[J]. Ocean Engineering, 2019, 182: 540 − 551.

[46] REABROY R, ZHENG X B, ZHANG L, et al. Hydrodynamic response and power efficiency analysis of heaving wave energy converter integrated with breakwater[J]. Energy

Conversion and Management, 2019, 195: 1174 – 1186.

[47] 刘臻, 史宏达, 刘娅君. 沉箱防波堤兼作振荡水柱波能发电装置的设计与研究[C]// 第二届全国海洋能学术研讨会论文集. 哈尔滨, 2009: 9 – 15.

[48] CHEN Q, ZANG J, BIRCHALL J, et al. On the hydrodynamic performance of a vertical pile-restrained WEC-type floating breakwater[J]. Renewable Energy, 2020, 146: 414 – 425.

[49] ZHANG H M, ZHOU B Z, VOGEL C, et al. Hydrodynamic performance of a dual-floater hybrid system combining a floating breakwater and an oscillating-buoy type wave energy converter[J]. Applied Energy, 2020, 259:114212.

[50] 毛艳军. WEC-防波堤集成系统能量捕获效率与消波性能研究[D]. 大连: 大连理工 大学, 2019.

[51] 张恒铭, 胡俭俭, 周斌珍, 等. 波能装置与浮式防波堤集成系统的水动力性能[J]. 哈 尔滨工程大学学报, 2020, 41(8): 1117 – 1122.

[52] 李玉成, 滕斌. 波浪对海上建筑物的作用[M]. 3 版. 北京: 海洋出版社, 2015.

[53] 交通部. 防波堤设计与施工规范[M]. 北京: 人民交通出版社, 1998.

[54] 文先华, 武艺. 防波堤稳定性和消波特性的研究进展[J]. 港工技术, 2011, 48(2): 5 – 7.

[55] OJIMA R, SUZUMURA S, GODA Y. Theory and experiments on extractable wave power by an oscillating water-column type breakwater caisson[J]. Coastal Engineering in Japan, 1984, 27(1): 315 – 326.

[56] TAKAHASHI S. Hydrodynamic characteristics of wave-power-extracting caisson breakwater [C]//21st International Conference on Coastal Engineering. Costa del Sol-Malaga, Spain. Reston, VA, USA: American Society of Civil Engineers, 1988: 2489 – 2503.

[57] RAJU J, NEELAMINA S. Concrete caisson for a 150 kW wave energy pilot plant design, construction and installation aspects[C]//Proceedings of the second International Offshore and Polar Engineering Conference, June14 – 19, 1992, San Francisco, California. San Francisco: ISOPE, 1992: 584 – 591.

[58] TORRE-ENCISO Y, ORTUBIA I, LÓPEZ DE AGUILETA L I, et al. Mutriku wave power plant: from the thinking out to the reality [C]// Proceedings of the 8th European Wave and Tidal Energy Conference, September. 10, 2009, Uppsala. Uppsala: EWTEC, 2009: 319 – 329.

[59] BOCCOTTI P. Caisson for absorbing wave energy: US6450732[P]. 2002 – 09 – 17.

[60] BOCCOTTI P. On a new wave energy absorber[J]. Ocean Engineering, 2003, 30(9): 1191 – 1200.

[61] BOCCOTTI P. Caisson breakwaters embodying an OWC with a small opening-Part I: Theory[J]. Ocean Engineering, 2007, 34(5/6): 806 – 819.

[62] BOCCOTTI P. Comparison between a U-OWC and a conventional OWC [J]. Ocean Engineering, 2007, 34(5/6): 799 – 805.

［63］ STRATI F M, MALARA G, LAFACE V, et al. A control strategy for PTO systems in a U-OWC device［C］//Proceedings of ASME 2015 34th International Conference on Ocean, Offshore and Arctic Engineering, St. John's, Newfoundland, Canada, 2015.

［64］ STRATI F M, MALARA G, ARENA F. Performance optimization of a U-oscillating-water-column wave energy harvester［J］. Renewable Energy, 2016, 99(12): 1019 − 1028.

［65］ TSENG R, WU R, HUANG C. Model study of a shoreline wave-power system［J］. Ocean Engineering, 2000, 27(8): 801 − 821.

［66］ SEO J H, PARK W S, LEE J W. Performance analysis of OWC-MB hybrid wave energy harvesting system attached at caisson breakwater［J］. Journal of the Korean Society of Civil Engineers, 2015, 35(3): 589 − 597.

［67］ TSAI C P, KO C H, CHEN Y C. Investigation on performance of a modified breakwater-integrated OWC wave energy converter［J］. Sustainability, 2018, 10(3): 1 − 20.

［68］ 秦辉, 王永学, 王国玉. 带收缩水道的沉箱防波堤兼 OWC 装置结构形式的研究［J］. 水运工程, 2013(8): 52 − 56, 62.

［69］ 秦辉. 带收缩水道的沉箱防波堤兼 OWC 装置结构形式的研究［D］. 大连: 大连理工大学, 2013.

［70］ 陈帆. 双圆筒沉箱兼作波能发电装置的试验研究［D］. 大连:大连理工大学, 2016.

［71］ MCCARTNEY B. L. Floating breakwater design［J］. Journal of Waterway, Port, Coastal and Ocean Engineering, 1985, 111(2): 304 − 318.

［72］ MCCARTNEY B L. Floating breakwater design［J］. Journal of Waterway, Port, Coastal and Ocean Engineering, 1985, 111(2): 304 − 318.

［73］ DAI J, WANG C M, UTSUNOMIYA T, et al. Review of recent research and developments on floating breakwaters［J］. Ocean Engineering, 2018, 158: 132 − 151.

［74］ NEELAMANI S, NATARAJAN R, PRASANNA D L. Wave interaction with floating wave energy caisson breakwaters［J］. Journal of Coastal Research, 2006, 22(2): 745 − 749.

［75］ HE F, HUANG Z H. Hydrodynamic performance of pile-supported OWC-type structures as breakwaters: An experimental study［J］. Ocean Engineering, 2014, 88: 618 − 626.

［76］ HE F, HUANG Z H, WING-KEUNG L A. Hydrodynamic performance of a rectangular floating breakwater with and without pneumatic chambers: An experimental study ［J］. Ocean Engineering, 2012, 51: 16 − 27.

［77］ HE F, HUANG Z H, WING-KEUNG L A. An experimental study of a floating breakwater with asymmetric pneumatic chambers for wave energy extraction［J］. Applied Energy, 2013, 106(6): 222 − 231.

［78］ HE F, LENG J, ZHAO X Z. An experimental investigation into the wave power extraction of a floating box-type breakwater with dual pneumatic Chambers［J］. Applied Ocean Research, 2017, 67: 21 − 30.

［79］ HOWE D, NADE J R, MACFARLANE G. Experimental investigation of multiple oscillating water column wave energy converters integrated in a floating breakwater: Energy extraction performance[J]. Applied Ocean Research,2020, 97:102086.

[80] HOWE D, NADER J R, MACFARLANE G. Experimental investigation of multiple oscillating water column wave energy converters integrated in a floating breakwater: Wave attenuation and motion characteristics[J]. Applied Ocean Research , 2020, 99: 102160.

[81] 姚宇，段自豪，袁万成，等. 一种兼作波浪能发电装置的浮式防波堤: CN201510028966.0[P].2015 – 05 – 06.

[82] MARTINELLI L, RUOL P, FAVARETTO C, et al. Hybrid structure combining a wave energy converter and a floating breakwater[C]// Proceedings of the 26th International Ocean and Polar Engineering Conference, June 26-July 1, 2016, Rhodes. Rhodes: IOPE, 2016: 622 – 628.

[83] ZHAO X L, NING D Z, ZHANG C W, et al. Hydrodynamic investigation of an oscillating buoy wave energy converter integrated into a pile-restrained floating breakwater[J]. Energies, 2017, 10(5): 712.

[84] ZHENG Y H, SHEN Y M, YOU Y G, et al. On the radiation and diffraction of water waves by a rectangular structure with a sidewall[J]. Ocean Engineering, 2004, 31(17 – 18), 2087 – 2104.

[85] NING D Z, ZHAO X L, CHEN L F, et al. Hydrodynamic performance of an array of wave energy converters integrated with a pontoon-type breakwater[J]. Energies, 2018, 11(3): 1 – 17.

[86] 勾莹. 快速多极子方法在多浮体和水弹性问题中的应用[D]. 大连: 大连理工大学, 2006.

[87] BELLEW S. Investigation of the response of groups of wave energy devices [D]. Manchester : University of Manchester, 2011.

[88] ZHENG X B, JI M Z, JING F M, et al. Sea trial test on offshore integration of an oscillating buoy wave energy device and floating breakwater[J]. Energy Conversion and Management, 2022,256: 115375.